哈尔滨市挺水植物筛选及优化配置研究

高青峰　郭胜　阙志夏　等　著

中国水利水电出版社
www.waterpub.com.cn
·北京·

内 容 提 要

本书以适宜哈尔滨市生长的挺水植物为研究对象，以野外调查和科学实验数据为基础，以生态学相关概念和理论为支撑，全面系统地阐述了哈尔滨市挺水植物的现状和特性，旨在促进哈尔 市挺水植物资源的合理、有效利用，实现挺水植物资源的优化配置。全书共 10 章，从多年在挺水植物应用项目实践的视角和认识出发，建立了哈尔滨市中小河流河岸带水生植物数据库，筛选出适宜栽种的挺水植物，进而提出挺水植物优化配置方案。

本书的研究成果对我国东北各省乃至其他同纬度地区挺水植物的引种栽培、景观配置、水生态系统修复均有一定的借鉴和指导作用，适合从事生态、环境、水利等专业的科研、教学、工程技术和管理人员阅读参考。

图书在版编目（CIP）数据

哈尔滨市挺水植物筛选及优化配置研究 / 高青峰等
著. -- 北京 : 中国水利水电出版社，2018.6
ISBN 978-7-5170-6631-6

Ⅰ. ①哈… Ⅱ. ①高… Ⅲ. ①挺水植物－研究－哈尔
滨 Ⅳ. ①Q948.8

中国版本图书馆CIP数据核字(2018)第149574号

书 名	哈尔滨市挺水植物筛选及优化配置研究 HAERBIN SHI TINGSHUI ZHIWU SHAIXUAN JI YOUHUA PEIZHI YANJIU
作 者	高青峰 郭 胜 阚志夏 等著
出版发行	中国水利水电出版社 （北京市海淀区玉渊潭南路 1 号 D 座 100038） 网址：www.waterpub.com.cn E-mail：sales@waterpub.com.cn 电话：(010) 68367658（营销中心）
经 售	北京科水图书销售中心（零售） 电话：(010) 88383994、63202643、68545874 全国各地新华书店和相关出版物销售网点
排 版	中国水利水电出版社微机排版中心
印 刷	天津嘉恒印务有限公司
规 格	184mm×260mm 16 开本 10.75 印张 255 千字
版 次	2018 年 6 月第 1 版 2018 年 6 月第 1 次印刷
定 价	59.00 元

前　言

FOREWORD

　　河流是人居生态环境的重要一环，是城市生态系统的重要组成部分。随着经济社会的日益发展，人们对河流的功能需求从注重以防洪排涝、灌溉等功能为主，向防洪排涝、灌溉、生态、环境、景观、文化等多重功能转变。河岸带作为河流生态系统与陆地生态系统进行物质、能量、信息交换的一个重要过渡带，对水陆生态系统起着廊道、过滤器和屏障的作用。

　　挺水植物是河岸带的重要组成部分，同时也是水体净化、生态修复及水体景观营建的关键措施和技术主体，对构建稳定高效的河岸植被缓冲带、恢复河流自然特征、实现河流生态和景观等方面均具有重要意义。

　　哈尔滨市河流众多，年平均气温较低，冬季最低气温可达−40℃，对能长期生长的植物有一定的特殊要求。由于对挺水植物应用技术的研究起步较晚、发展太快，在工程上经常会出现一些"失误"和"盲目"，使挺水植物在哈尔滨市实际工程应用中的科学性、实效性大打折扣。

　　本书在国内外相关研究的基础上，从多年在挺水植物应用项目实践的视角和认识出发，通过建立哈尔滨市中小河流河岸带水生植物数据库、筛选适宜栽种的挺水植物，进而提出挺水植物优化配置方案，在一定程度上促进挺水植物资源的合理、有效利用，实现挺水植物资源的优化配置，为实现中小河流水安全、水生态、水经济、水文化和水景观的人水和谐战略目标提供基础资料，为相关部门提供决策依据。

　　本书共分为10章和附图、附表、附件等。第1章主要介绍本书的研究背景、目的及意义，对国内外相关研究进展进行阐述。第2章对哈尔滨市概况进行描述。第3章收集哈尔滨市河岸带土著植物种类、分布特点、生境要求等基础信息，构建河岸带挺水植物数据库。第4章在对哈尔滨市典型中小河流河岸带植物调查的基础上，对挺水植物进行筛选，筛选出适宜栽种的挺水植物种类。第5章对筛选出的挺水植物进行耐寒性能、耐淹性能、耐旱性能等环境适应性专项研究。第6章设计不同方案进行栽种实验，并对栽种和后期管理技术进行详细说明。第7章对筛选出的挺水植物进行成活率、生长周期、生长速率、景观效果等生长特性专项研究。第8章对筛选出的挺水植物进行污染物去除能力专项研究。第9章根据上述研究成果选取合适的指标，对已有设计成果进行优化，提出优化配置方案。第10章提出本书的研究结论及建议。

附图部分以图片形式，记录栽种的挺水植物的生物特性、植物形态、实验过程等内容。附表部分为哈尔滨地区河岸带植物数据库，主要包括174种河岸带植物的名称、学名、主要性状、分布区域等内容。

全书由高青峰策划、组织和执笔，郭胜、阙志夏、王欣、宋思铭参与本书撰写和制图工作。

本书在编写过程中得到中国水利水电出版社编辑李丽辉的悉心指导，在此表示感谢。

挺水植物应用研究起步较晚，许多技术尚处于探索、发展阶段，由于作者水平和经验有限，书中难免有疏漏、谬误和不足之处，敬请读者指正。

作者

2018 年 4 月

CONTENTS

目　录

前言

1　绪论 ………………………………………………………………… 1

　1.1　研究背景、目的及意义 ……………………………………… 1

　1.2　研究内容及技术路线 ………………………………………… 2

　1.3　基本概念及理论 ……………………………………………… 3

　1.4　国内外研究进展 ……………………………………………… 7

2　研究区概况 ………………………………………………………… 12

　2.1　哈尔滨市概况 ………………………………………………… 12

　2.2　哈尔滨市水域概况 …………………………………………… 13

3　哈尔滨地区河岸带植物现状调查 ………………………………… 16

　3.1　调查方法及内容 ……………………………………………… 16

　3.2　调查地点选择 ………………………………………………… 20

　3.3　现状调查结果 ………………………………………………… 27

　3.4　现状植物简介 ………………………………………………… 36

　3.5　哈尔滨地区河岸带植物现状分析 …………………………… 58

4　哈尔滨市挺水植物种类筛选 ……………………………………… 60

　4.1　哈尔滨市挺水植物初步筛选 ………………………………… 60

　4.2　挺水植物种类确定 …………………………………………… 62

　4.3　小结 …………………………………………………………… 71

5　哈尔滨地区挺水植物适应性研究 ………………………………… 72

　5.1　挺水植物耐寒性能研究 ……………………………………… 72

　5.2　挺水植物耐淹性能研究 ……………………………………… 75

　5.3　挺水植物耐旱性能研究 ……………………………………… 79

　5.4　小结 …………………………………………………………… 83

6 哈尔滨市挺水植物栽种实验设计 ······· 85
　6.1 栽种场地选择 ······· 85
　6.2 栽种方案设计 ······· 86
　6.3 引种栽植技术 ······· 89
　6.4 后期管理技术 ······· 90
　6.5 小结 ······· 92

7 哈尔滨市挺水植物生长特性研究 ······· 93
　7.1 不同水生植物生长周期分析 ······· 93
　7.2 不同挺水植物生长速率分析 ······· 97
　7.3 挺水植物景观效果分析 ······· 104

8 哈尔滨市挺水植物净化能力研究 ······· 108
　8.1 实验设计 ······· 108
　8.2 测定指标及方法 ······· 108
　8.3 不同挺水植物对水体净化效果 ······· 109
　8.4 小结 ······· 113

9 哈尔滨市挺水植物优化配置方案 ······· 114
　9.1 优化指标确定 ······· 114
　9.2 优化方法 ······· 115
　9.3 各方案优化结果 ······· 116
　9.4 小结 ······· 119

10 结论与建议 ······· 120
　10.1 结论 ······· 120
　10.2 建议 ······· 121

附图 ······· 123
　附图1 哈尔滨市主要挺水植物 ······· 123
　附图2 耐淹实验 ······· 127
　附图3 耐旱实验 ······· 137

附表 ······· 141
　哈尔滨地区河岸带植物数据库 ······· 141

附件 ······· 159
　哈尔滨地区挺水植物筛选权重确定调查问卷 ······· 159

参考文献 ······· 161

1

绪论

1.1.1　研究背景

河流是人居生态环境的重要一环，是城市生态系统的重要组成部分。随着经济社会的日益发展，人们对河流的功能需求从注重以防洪排涝、灌溉等功能为主向防洪排涝、灌溉、生态、环境、景观、文化等多重功能转变。如何突破中小河流治理的局限性，使中小河流治理在河流安全、生态、环境、景观、文化、休闲娱乐等多方面功能均达到理想状态，成为未来中小河流治理工作的重点。

哈尔滨市是黑龙江省省会、我国东北部的中心城市，是我国的历史文化名城和冰雪文化名城，享有"东方小巴黎""东方莫斯科"的美誉。哈尔滨市中小河流众多，其中流域面积 $50km^2$ 以上的河流有 136 条，为城市发展提供了水资源、生态资源和景观资源，但是，由于哈尔滨市社会经济的发展对水资源、生态资源等各种资源过度开发利用，目前哈尔滨市面临着严重的水环境、水生态恶化的问题，直接影响到城市饮用水安全和经济发展。为此，哈尔滨市逐步加大了对中小河流的治理力度，完成了《哈尔滨市中小河流治理规划》《哈尔滨市水生态系统保护与修复规划》，为哈尔滨市中小河流的治理做了大量卓有成效的工作，以逐步实现水安全、水生态、水经济、水文化和水景观的人水和谐战略目标，维护河流健康，提升城市形象和品位，改善城市居民的居住环境，促进水资源可持续利用及城市健康发展。

1.1.2　研究目的

（1）建立哈尔滨市中小河流河岸带水生植物数据库。本书将对哈尔滨市主要乡土水生植物进行系统的、科学的调研，并建立相应数据库，为哈尔滨市水生植物群落的监测、管理等提供准确的基础数据。

（2）筛选适宜哈尔滨市栽种的挺水植物。本书将在合理选择指标和方法的基础上，对哈尔滨市主要水生植物进行定量评价，筛选出适宜哈尔滨市栽种的挺水植物种类，为挺水植物在哈尔滨市的实际栽种提供依据。

（3）提出哈尔滨市挺水植物优化配置方案。在对已筛选出的挺水植物进行实际栽种及适应性、净化能力、生长特性、景观效果研究的基础上，提出优化配置方案，为挺水植物在哈尔滨市的应用提供实践经验。

1.1.3　研究意义

哈尔滨市年平均气温较低，冬季最低气温可达－40℃，其乡土植物均适应该特殊的气候及地理条件，是水生态保护与修复的重要载体。本书研究成果，能在一定程度上促进挺水植物资源的合理、有效利用，实现挺水植物资源的优化配置，为未来哈尔滨市构建稳定高效的河岸植被缓冲带、恢复河流自然特征、实现河流生态和景观的一体化提供基础资料，为相关部门提供决策依据。同时，本书研究成果对我国东北各省乃至其他同纬度地区挺水植物的引种栽培、景观配置、水生态系统修复均有一定的借鉴和指导作用。

1.2　研究内容及技术路线

1.2.1　研究内容

1.2.1.1　水生植物调查研究

通过样方调查、查阅文献资料、咨询走访等方式，对哈尔滨市典型河流河岸缓冲带、湿地等生境中水生植物种类、区系组成、生物学和生态学特征等进行基础调查，按照规范性、客观性、合理性、有效性、时效性等原则，对所收集到的植物及其相关基础信息进行初步分析，充分了解哈尔滨市水生植物特点，为挺水植物的筛选奠定基础。

1.2.1.2　挺水植物筛选

从景观性、生态性、经济性、净化能力、种植难度等方面考虑，构建科学合理的挺水植物评价体系。按照重点性、可行性、兼容性、综合性等原则，结合评价体系要求，选择评价指标，对哈尔滨市主要水生植物进行定量评价，筛选出适宜哈尔滨市栽种的挺水植物种类。

1.2.1.3　挺水植物优化配置方案确定

结合哈尔滨市地域特点、景观美学等方面考虑，对筛选出的植物进行了配置方案设计。对拟订方案进行了实际栽种，通过对各方案景观性、适应性、种植难度、植物特性等实验数据的分析、评价，提出挺水植物优化配置方案。

1.2.2　技术路线

哈尔滨市挺水植物筛选及优化配置研究技术路线见图1.1。

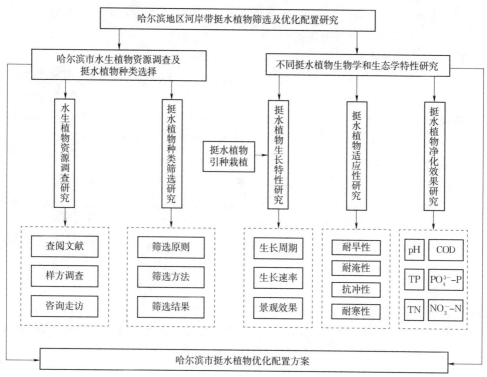

图 1.1　哈尔滨市挺水植物筛选及优化配置研究技术路线图

1.3　基本概念及理论

1.3.1　河岸缓冲带概述

1.3.1.1　河岸缓冲带定义

20 世纪 70 年代，河岸缓冲带（riparian buffer strips）的定义首次被 Meeban（1977）提出，他称河岸缓冲带为"一种能与水环境相互作用的有植被覆盖的陆地区域"。

现阶段的研究通常认为，河岸缓冲带是一种具有明显边缘效应的典型生态过渡带（Gregory et al，1991；陈吉泉，1996；全为民和严力蛟，2002），它介于水体和陆域之间，也称水滨、库岸带、边岸缓冲带等。

1.3.1.2　河岸缓冲带结构与组成

（1）组成要素。植被、土壤、地形地貌和水文特征构成了完整的河岸缓冲带生态系统，这些要素中任何一个要素的改变都会引起其他要素的改变，从而导致生物和物理过程的变化，最终使河岸缓冲带生态系统服务功能受到影响（黄凯等，2007）。

（2）结构和范围。河岸缓冲带一般有两种结构，其中一种是宏观角度的空间结构，如横向、纵向、垂向的三维结构和横向、纵向、垂向、时间变化的四维结构（Gregory and Ashkenas，1991）；另一种是微观角度的由河岸带植被群落组成的实体结构，主要包括河岸带生物群落植被类型、河岸带各类型植被的宽度和分布（杨胜天等，2007）。植被是河岸缓冲带生态系统的核心，对于河岸带的动物栖息、生物土壤微环境和发挥河岸缓冲带的生态功能有着重要的作用（左俊杰，2011）。

1.3.1.3 河岸缓冲带功能

（1）净化水质。河岸缓冲带通过植被的渗透、过滤、吸附、吸收等一系列生理生化过程，调节由陆地生态系统输入河流生态系统的各种营养物质的含量，进而影响水体中化学元素和营养物质的含量及时空分布规律（夏继红和严忠民，2006；饶良懿和崔建国，2008）。研究表明，河岸缓冲带植被能有效去除 N、P、Ca、K、S、Mg 等营养物质，尤其对 N、P 元素的去除效果十分明显。此外，河岸缓冲带对地表径流中的重金属以及农业生产中的杀虫剂、除草剂等也能起到不同程度的去除作用（Nisbet，2001；Sullivan et al.，2007）。河岸缓冲带具有较强的缓冲和吸附能力，能够减少来自径流冲刷产生的各类非点源污染，从而达到净化水体，保证河流水质的目的。

（2）抑制河岸侵蚀。河岸缓冲带植被群落能够有效控制河岸的侵蚀，对维护河岸的稳固有重要的作用（许晓鸿等，2002）。第一，生长在河岸缓冲带的植被有效减小了坡面地表的裸露面积，从而避免了大部分土壤与地表外营力的直接接触（张政和付融冰，2007）；第二，缓冲带植被的根系能够与土壤进行相互作用（夏继红和严忠民，2006），可以增加坡面土壤表层团聚体的含量，在有效改善土壤机械强度的同时，使坡面表层的剪切力增大，从而提高坡面的抗蚀性和河岸稳定性（赵雯和管岩岩，2008）。

此外，河岸缓冲带植被通过根系吸收地表径流，从而减少坡面径流量，有效减缓了坡面径流对坡岸的侵蚀。植被的根系和枯落物也有降低坡面径流流速的作用，径流流经缓冲带时这些枯落物能够大量截留其中的营养物质和泥沙（Polyakov et al.，2005；Mankin et al.，2007）。河岸缓冲带植被截留径流沉积物的能力取决于径流流速和沉积物的性质，并与缓冲带结构和植被类型等密切相关（Muscutt et al.，1993；Gharabhagi et al.，2001；王帅等，2008）。

（3）为生物提供栖息地。河岸缓冲带是水陆生态系统之间相互联系的重要廊道和屏障（饶良懿和崔建国，2008），在其土壤、水文和植被等众多因素的作用下，既为陆生生物创造了优质的生境，又是水生生物食物和能量的重要来源，为各种野生动物提供了迁徙通道和良好的栖息网络（俞孔坚等，1998；Lovell and Sullivan，2006），并为一些大型哺乳动物提供了重要的活动场所。进入河道中的河岸缓冲带植被残体是鱼类等水生动物的良好生境，其中产生的大量有机质也为水生动植物提供了能量和食物（Wenger，1999），河岸缓冲带水质相对较好，植被的覆盖对于维持水温和增加水体中溶解氧的含量都起到了促进作用（饶良懿和崔建国，2008）。

由此可见，河岸缓冲带不仅是河岸景观的重要组成部分，而且能够有效提高生态系统的生物多样性和景观异质性，增加河岸缓冲带边缘物种丰富度（颜昌宙等，2005），有利于其中潜在物种的共存（Naiman et al.，1993；王帅等，2008），对于维持水陆景观的完整性具有重要意义（罗坤，2009）。

（4）为人类提供休闲活动场所。河岸植被缓冲带景观多样性明显，其景观格局呈水陆镶嵌模式，水陆植被和谐统一，使流域景观在美学价值上有了很大程度的提高（鲁春霞等，2001）。河岸植被缓冲带有丰富的植物资源，其湿地、草地和森林生态系统组成了流域景观的亮点，同时河流两岸的河岸植被带限定了竖向的空间，让人的视线变得深远（高阳等，2006；诸葛亦斯等，2006），与周围生态系统的景观相结合后，会表现出明显的层次感，从而使景观效应得到最大限度的发挥（颜兵文和肖瑞龙，2008；赵雯和管岩岩，2008）。

河岸植冲带周边地区水源充足，地势较为平坦，可以设置各种休闲娱乐设施，为附近居民和游客旅行、野营、摄影等户外活动创造了条件（鲁春霞等，2001；诸葛亦斯等，2006），人与自然和谐的环境使人们在休闲活动中得到安逸、舒适的享受，在这样的环境中生活有利于提高生活质量和保持身心健康（夏继红和严忠民，2006）。

除此之外，河岸缓冲带因其特殊的地理位置，使其野生动植物资源丰富，动植物群落与不同生态环境因子之间关系复杂（颜昌宙等，2005），可以作为优良的教育科研基地。

（5）缓解人为因素对河流生态系统的影响。近年来，河流生态系统在人类过度的开发和利用下已逐渐超过其自身承载力，人类生产生活对河流周边土地资源的开发和利用也使河流生态系统发生了不同程度的退化，而城市中的河流和滨水区等区域自然与人类活动作用十分强烈（岳隽和王仰麟，2005）。河岸缓冲带的存在缓解了河流生态系统由于自然环境的变化所产生的逆向演替，其合理的规划和植被的优化配置对于减轻人类活动对河流生态系统造成的破坏有着重要的作用（高阳等，2006）。

1.3.2 水生植物概述

1.3.2.1 水生植物概念

水生植物（*Hydrophyte*）是个生态学名词，而不是分类学名称（牛玉璐，2006）。到目前为止，国内研究人员对水生植物有如下几种定义：

（1）水生植物包括常年生活在水中以及长期生活在非常潮湿或者100％饱和水土壤中的植物（倪乐意，1999）。狭义范围内的水生植物是指维管束植物，仅包括蕨类植物、裸子植物以及被子植物，而广义范围内的水生植物则是指所有的植物，包括维管束植物、不具有维管束构造的低等植物，如藻类植物与苔藓植物等（吴建强等，2007）。

（2）凡生长在水中或湿土壤中的植物通称为水生植物，包括草本植物和木本植物（李尚志，2000）。

（3）水生植物是指生长于水体中、沼泽地中的观赏植物，与其他花卉明显不同的习性是对水分的要求和依赖远远大于其他各类植物，因此也形成了其独特的习性（刘艳红等，2007）。

（4）水生植物是指生长在水中、沼泽或岸边潮湿地带的植物（陈飞平和廖为明，2006）。

（5）水生植物主要是指生长在淡水水源区域内的水生植物（邓辅唐等，2005）。

这些定义的出发点不同，有的从生态的适应性出发，有的则以景观应用为基准，故而形成了不同的理解，但其要义都离不开对"水"的适应。

1.3.2.2 水生植物分类

全世界水生植物计有87科168属1022种，中国水生维管束植物计有61科145属400余种及变种，具有观赏利用价值的有约31科42余属115余种，广泛分布在海拔350m以下不同纬度的水域中（储荣华，2010）。同水生植物的定义一样，由于学者们所处的时代不同，以及研究的背景不同，或对水生植物理解的出发点不同，人们对水生植物也有多种不同的分类。

赵家荣（2002）按照水生植物的生活方式与形态特征把水生植物分成挺水型、浮叶型、漂浮型及沉水型四类；孟祥龙（2006）依据水生杂草的生活形态将其分成沉水杂草、漂浮杂草、浮叶杂草、挺水杂草和田埂杂草五种类型。为方便调查和研究，本书中按植物生活形态将哈尔滨市的水生植物分为挺水植物、浮水植物和沉水植物三类。

在自然界中，水生植物的分类并不是绝对的，如陆生植物美人蕉，不仅完全适应湿生环境，大部分时间可以在浅水中生长；挺水植物，在自然界中经常以漂浮形式生长；沉水植物如眼子菜、狐尾藻，在水落时期可短期停水生长（肖楚田等，2013）。

1.3.2.3 水生植物作用

（1）净化水质。作为一种自然可持续的水污染治理方法，水生植物净化技术有着诸多优点，在现实生活中也被越来越广泛地应用。水生植物以其特有的净化机理对每种类型的污染都有着独到的化解方法，经济、高效，且无二次污染。

水生植物通过物理化学作用、植物吸收作用、微生物辅助降解和对藻类的抑制作用这四种净化机理对受污染水体进行净化。物理化学作用中植物通过吸附、沉降和化学结合等方式使无机及有机化合物脱离水循环，对重金属和化学物质污染有较好的净化能力；植物吸收作用除吸收 N、P 等营养元素抑制富营养化污染外，对重金属和一些化学物质也有较好的吸收能力；微生物辅助降解则普遍存在于水生植物的各项生理活动中，对化学污染和干扰污染处理都有较好的辅助作用；植物通过化感作用对藻类的抑制则主要体现在对富营养化污染的控制方面，可防止水华现象的发生（储荣华，2010）。

（2）美化环境。随着生态学的发展和景观生态学的兴起，人们发现水生植物除具有净化水体等生态功能外，还具有很好的景观价值。科研学者们对水生植物的净化机理进行着各项研究的同时，从事着环境美化工作的景观设计师们也开始揣摩水生植物的景观配置方法和原则，水生植物的生态和景观应用正被越来越多的从业者所关注，生态水景的设计也随人们对环境质量关注度的提高正逐步成为热点。

水生植物不仅可以改善与保护环境、增进人的健康，而且还可以用优美的姿形、绚丽的色彩、秀雅的韵味，通过艺术创作，构成美不胜收的园林景观。应用于水体景观生态设计中的水生植物材料既要有景观植物（观赏植物），又要有生态植物（抗污染、保持水土、抗风浪等）。为此，设计中需要结合周边景观合理地布置各类水生植物，形成具有强大的水质净化能力且和谐的景观效果（孟祥龙，2006）。

（3）抑制河岸带侵蚀。水生植被群落能够有效控制河岸的侵蚀，对维护河岸的稳固有重要的作用（许晓鸿等，2002）。第一，生长在河岸缓冲带的植被有效地减小了坡面地表的裸露面积，从而避免了大部分土壤与地表外营力的直接接触（张政和付融冰，2007）；第二，水生植物的根系能够与土壤进行相互作用（夏继红和严忠民，2006），可以增加坡面土壤表层团聚体的含量，在有效改善土壤机械强度的同时，使坡面表层的剪切力增大，从而提高坡面的抗蚀性和河岸稳定性（赵雯和管岩岩，2008）。水生植物通过根系吸收地表径流，从而减少坡面径流量，有效减缓了坡面径流对坡岸的侵蚀。植被的根系和枯落物也有降低坡面径流流速的作用，径流流经时这些枯落物能够大量截留其中的营养物质和泥沙（Polyakov et al.，2005；Mankin et al.，2007）。

1.3.3 挺水植物概述

1.3.3.1 挺水植物概念

挺水植物（*Emergent plant*）是指茎直立挺拔，仅下部或基部沉于水中，根扎入泥中生长，上面大部分植株挺出水面，大部分的品种根系粗壮发达，有些种类具有肥厚的根状茎，或在根系中产生发达的通气组织。其主要生长在浅水或水陆过渡区域，茎叶气生，通常具有与陆生植物相似的生物特性。

1.3.3.2 挺水植物的优点

（1）对水体净化效果明显。大量研究工作表明，芦苇、千屈菜、香蒲等挺水植物不仅能大量吸收富集水体中污染物和营养盐，抑制藻类生长，而且可以去除底泥中的负荷（李静文，2010），不但能起到净化水体的作用，还能改善水体生态环境，从而促进退化水体生态系统的恢复。因此，挺水植物在水质净化中被广泛应用（南楠等，2011）。

（2）景观效果较好。多数挺水植物有着花大、花色艳丽、花期较长的特点，能够有效改善人们的生活环境，为人们提供一个优美的生活空间，河岸带栽种后，能够成为人们休闲、亲水的好去处，同时实现人与自然的和谐统一。

（3）成本低廉。常见的挺水植物均价格低廉，对土质要求一般不高，管理粗放、无需养护、病虫害较少，是一种经济实惠的、能有效地被河岸带利用的植物类型。

1.4 国内外研究进展

1.4.1 挺水植物应用

河岸缓冲带能够利用生物系统的过滤、截污功能，削减面源污染负荷，降低入湖入河污染物量，拦截入湖入河面源污染中的垃圾、泥沙等，减少垃圾、泥沙淤积，同时改善河岸缓冲带生态环境。

我国挺水植物的栽培有着悠久的历史，其中莲在我国出土文物中至少有7000年的历史。1978年以来，随着水生花卉业和生态观光农业的发展，菰、香蒲、石菖蒲、水芹、茭等已逐步成为被广泛应用的园林水景绿化观赏植物和湿地景观绿化的重要材料（赵家荣，2002）。在西方国家，观赏水生花卉也有着悠久的历史与习俗。在16世纪，意大利人开始用睡莲做公园的水景主题材料。而在发现王莲后，人们对水生植物的兴趣则更浓了，1849年成为应用挺水植物的第一个繁盛期。此后，热衷于水景园的富有人家开始狂热地种植热带挺水植物，竞相寻找用来观赏的珍贵品种。

如今，挺水植物已被广泛应用于水景园、野趣园的营造。随着人工湿地污水处理系统应用研究的深入，人工湿地景观也应运而生，成为极富自然情趣的景观。而容器栽培的迷你水景花园的出现更是让都市居民的阳台也能成为轻松有趣、令人赏心悦目的好地方。在水景设计中应用较多的挺水植物有荷花、菖蒲、香蒲、水葱、千屈菜、芦苇、燕子花等。

1.4.2 挺水植物种类选择

尽管许多挺水植物都能不同程度地改善水环境质量，增强观赏价值，但并非所有的水生植物都具有实际推广价值（阳小成，1992）。环境保护部华南环境科学研究所进行了两年的实验，对华南地区11种高等水生植物从净化能力、抗逆性、管理难易、综合利用价值和美化景观等5方面综合评价，筛选出黑藻和假马齿苋为较优净化物种（陈毓华等，1995）。由文辉（1999）通过研究就植物选择得出以下结论：要针对不同污染状况的水体选用不同的生态型植物，以重金属污染为主的水体宜选用观赏型水生植物；以有机污染为主的水体可选用水生蔬菜；对混合型污染的水体常选用水葫芦、浮萍、紫背浮萍、睡莲、水葱、水花生、宽叶香蒲、菹草等植物。

近些年来，我国在利用水生植物营造水景方面取得了不少经验，如南京、杭州、武汉在水生植物研究开发利用方面走在了全国前列。浙江大学对杭州市太子湾公园、花港观鱼公园、曲院风荷、杭州植物园的水生植物应用情况进行了了解，又对南京玄武湖、嘉兴南湖、上海世纪公园的水体景观现状与水生植物应用情况进行了调查。调查发现，随着野生水生植物的驯化与产业化发展，各地都纷纷引种栽培了一批有较高观赏价值的新优水生植物品种，尤其是上海，无论是应用品种、应用方式及繁殖栽培等方面都走在我国前列。全国各大中型城市对城市水体景观的营造也新引入了千屈菜、水葱、香蒲、水芋等植物（葛滢等，2000；葛滢等，1999；邹秀文，1999；黄承才等，1998）。

1.4.3　挺水植物配置

国外对挺水植物配置的研究开始较早，研究较多，最为普遍的做法是以传统的生态学方法进行研究，其中研究最多的是河岸带的挺水植物群落结构，而群落又是组成植被的最基础单元。Swanson等（1991）认为河岸带植被多数情况下呈斑块状分布，由河边向两侧，大致形成一个演替序列，植物种总数呈抛物线状分布。

挺水植物是河岸缓冲带生态系统的核心，对于河岸带的动物栖息、生物土壤微环境和发挥河岸缓冲带的生态功能有着重要的作用（左俊杰，2011）。挺水植物是构成河岸缓冲带的基本元素，从河流中心向两岸依次分布着水生-湿生-中生植物，一般都具有需水量高、要求肥力强、耐水淹的生态学特性，同其他植物有明显的区别（徐化成，1996）。于丹对东北地区水生植物地理学进行了初步研究，阐述了东北水生植物的水平和垂直分布规律（于丹，1994）。在河道绿化植物种类研究方面，许多学者开展了大量与河道绿化相关的挺水植物的植物生物学、生态学特性，景观效果及其他功能的研究（徐洁思，2008）。

在城市挺水植物群落研究方面，徐晓清等（2006）应用群落生态学方法，对南京滨河绿地植物群落的外貌、组成与结构等进行了调查，人工栽植过于注重观赏品种的运用，而忽视耐水湿性种，并提出应结合地形和环境，合理地把握植物耐水湿性与观赏性，创造有地域特色的滨河植物景观，达到自然景观与人工景观的统一。

总体来看，河流自然挺水植物群落的研究较成熟，而从生态学角度系统地对人工植物群落的研究较少，有待进一步深入研究。

1.4.4　挺水植物栽植案例

1.4.4.1　案例1：监利县4乡镇人工湿地污水处理工程

监利县位于湖北省南部，在长江北岸，隔江与湖南省华容县相邻。2010—2011年，上车湾、柘木、棋盘、白螺4乡镇街区人工湿地陆续建成，均为日处理能力达千吨级的中小型污水处理厂。在水生植物的配置上，选用了美人蕉、再力花、花叶芦竹、花叶芦苇、菖蒲、黄花鸢尾、水葱共 7 个品种，在优先考虑去污性能的同时，也兼顾了一定的景观效果。

上车湾人工湿地选用了美人蕉、再力花、花叶芦竹、菖蒲共 4 种植物，在植物栽植半个月后扎根成活。2 个月后，美人蕉长势旺盛、密集、繁殖量大，而其他 3 种植物均长势较差，也未见扩繁。主要原因是栽种时正处于 8 月高温季节，美人蕉最能适应高温生长；其他 3 个品种受高温抑制严重，花叶芦竹在高温下基本停止萌发新芽，再力花耗水量和蒸发量均很大，后来将长势一直不良的花叶芦竹换为美人蕉。植物栽植 8 个月后，经过越冬跨年和春季返青生长后，美人蕉、再力花、花叶芦竹均生长旺盛；菖蒲因本身植株矮小，种植面积又较小，与上述几种高大茂盛的植物相比显得不协调，在开春后被换掉。

柘木人工湿地选用了美人蕉、再力花、菖蒲共 3 种植物，在 9 月中旬进行栽种。因已进入秋季，为确保植物成活并能安全越冬，挑选了健壮成型种苗，并加强过冬养护措施。栽植 8 个月后，选用的 3 种植物均成活良好并安全过冬，因当时栽种时间已临近冬季，故当年几乎没有分蘖产生新株，到第二年初夏仍显单调。栽植 10 个月后，进入盛夏，高温促进植物快速生长、繁殖，植株明显茂盛成片，人工湿地的出水水质也有明显提升。

棋盘人工湿地选用的植物有再力花、花叶芦竹、菖蒲、水葱共 4 种植物。植物栽植 3 个月后，因湿地水质变好，造成各植物在生长期营养不良，甚至有小面积的死亡现象，中途进行了补栽。相对比较，再力花和花叶芦竹的生长稍显优势。

白螺人工湿地选用了再力花、花叶芦竹、菖蒲、水葱、黄花鸢尾共 5 种植物，栽植 3 个月后，各植物长势均正常，也保持着长期生长稳定的状态，这样的生长状态得益于该湿地进水水质浓度中等，水位又长期维持稳定。

1.4.4.2 案例 2：武汉南湖生态浮岛示范项目

南湖位于洪山区中心地带，是武汉城区湖泊中仅次于东湖的第二大湖，长期受周边生活污水的排放及人工渔业养殖影响，水体污染日益严重。自 2012 年起，国营南湖渔场不仅率先响应政府号召的"退养还湖、休养生息"要求，还积极寻求改制转型，探索水体生态修复的长远之策。南湖生态浮岛建设就是在这样的背景下运作的先期示范项目。

近年来，南湖污染日益严重，每年夏天都会出现不同程度的蓝藻泛滥。该生态浮岛项目属于先期示范项目，采用了泡沫塑板和网状浮框组合、HDPE 聚乙烯高分子塑料、网状浮框组合和简易浮岛共 3 种工艺，于 2012 年 9 月安装，南湖水深达 3m，岸线均为垂直硬化护岸，没有浅水带，因此施工难度较大，浮岛组装、植物栽种等工作均在船上进行。

泡沫塑板与 HDPE 聚乙烯高分子塑料浮岛选用了 4 种挺水植物和 1 种浮叶植物，最里面是高大的美人蕉，中间是中等高度的梭鱼草和黄花鸢尾，靠外面是遮盖性强的皇冠泽苔草，最外面的网状浮岛上是浮叶植物粉绿狐尾藻，形成了从高到低、观花观叶兼顾的效果。在长江流域的春、夏季，浮岛上的水生植物栽种后，一般 2 个月就可成型，4～5 个月达到旺盛状态。在施工完成 20 天之后，仅在水生植物的成活、长势上就产生了较大差异，泡沫塑板浮岛上的植物均未完全恢复，甚至出现了部分死苗状况，而 HDPE 聚乙烯高分子塑料浮岛上的植物不仅长势良好，有的还已经开花。南湖水域宽阔，在夏、秋季也经常出现风大浪急的情况，开始栽种网状浮岛上的粉绿狐尾藻时，因没有采取特别的固定措施，导致大部分被风浪吹走。在 9 月，对粉绿狐尾藻采取了加固措施并重新栽种，经过 1 个月，粉绿狐尾藻就长满了整个浮岛。简易浮岛栽种了蕹菜，蕹菜属于一年生植物，需要每年重新栽种，简易浮岛工艺简单、成本低，直接用竹篙作浮力载体和种植孔，但牢固性较差，易被风浪破坏。

1.4.4.3 案例 3：北京奥林匹克森林公园生态湖河水系

北京奥林匹克森林公园生态水系不仅是一处精彩绝伦的湿地公园，同时也是一个庞大的污水处理和中水回用系统，融入了众多的世界先进研究成果和生态理念，是湿地景观与水处理的高度融合。主要由"奥运湖"和生态河道构成的"龙"形水系组成，另有南、北园两处垂直潜流湿地。在水生植物的品种选用上，以北京本地和北方乡土品种为主，设计科学、搭配大气、构图简洁也是其中的主要特色。

在湖河岸线浅水区以带状片植芦苇和千屈菜等挺水植物，湖中深水区成片栽种睡莲，深浅适中的中间区域配置荷花。生态河道的挺水植物以片植为主、丛植为辅，还配置有苦草、金鱼藻、菹草等沉水植物。硬化岸线附近在河湖基础施工时就已经充分考虑了各类植物栽种位置的不同水深，选取了黄花鸢尾和千屈菜等挺水植物。公园内还设有特大型垂直潜流湿地，配置了水生和湿生植物，包括芦苇、千屈菜、菖蒲、鸢尾、菰、香蒲、水葱、泽泻等。

1.4.5 存在的问题

近年来，随着水生植物生态学的发展，挺水植物的研究也越来越受到重视，引种数量不断增多，规模不断扩大。由于起步较早、关注度较高，学者们对挺水植物在生态领域中的研究已较为成熟，无论是从宏观方面对生态环境的考察调研，还是从微观方面对挺水植物的生理或净化机理的探索求证，均有不少突破性成果，但在研究中也表现出了一系列问题。

（1）挺水植物引种的科学性和规范性遭到漠视。水生植物引种应以科学的理论和技术为基础，不恰当的引种不仅可能导致引种失败和经济损失，更可能产生严重的生态和社会后果。同时，植物引种要遵循生态相似性原则，不要违背自然规律。

（2）对引进的挺水植物习性缺乏进一步了解，包括植物生态学习性和生物学习性的了解。由于许多新引进植物的资料比较缺乏，有限的特性介绍往往局限在一般性描述上，如耐阴、耐半阴、喜光、喜酸性或碱性等，缺乏比较详尽而具体的适用范围和栽培措施，在植物应用方面的资料则更为缺乏。特别是外来植物的生长环境往往与引进地的立地条件差异较大，短时间内难以完成对新品种的生长状况和生长限制因子的系统试验研究。

（3）对优良挺水植物品种的开发性研究不足。虽然许多学者对挺水植物资源调查方面做了大量的工作，但主要局限于资源的分类及其分布状况的研究，而对优良挺水植物品种的开发性研究不足。使传统的挺水植物和许多具有较高观赏价值、科学价值的挺水植物因缺乏足够的种源而未能得到广泛的应用。

（4）在景观应用方面，一线工作者们往往更多地关注挺水植物的新品种培育和栽植，或片面侧重植物配置的艺术形式和景观效果，却忽视了它们的生态功能和环境适应性问题。生态水景的设计探索更是处在一个起步阶段，生态与景观常被割裂，缺乏对生态景观的综合研究，实际操作中或出现追求利益忽视科学的情况，或发生重视理论缺乏实际的现象。

　　哈尔滨市属于东北地区，纬度较高，气象条件的特殊性决定河流水生植物的结构、功能、群落组成及物质流、能量流、信息流的与众不同。受气象条件、技术水平等条件影响，哈尔滨市对挺水植物的研究匮乏，没能充分发挥其生态服务功能、生态系统价值。如何能在了解哈尔滨市挺水植物的种类及各项生态功能基础上，结合环境美化和景观设计的已有理论，探求其在应用中的生态价值和景观价值合理的结合点成为了一个很有价值的研究课题，从而为水生态修复等技术的应用提供实践基础，是此研究的出发点和最终目的所在。

研究区概况

2.1 哈尔滨市概况

哈尔滨是黑龙江省省会，是中国东北北部的政治、经济、文化中心。全市总面积约为5.3万 km²，辖9区9县（市），2016年年末总人口962.05万人。哈尔滨地处东北亚中心地带，被誉为欧亚大陆桥的明珠，是第一条欧亚大陆桥和空中走廊的重要枢纽，也是中国著名的历史文化名城、热点旅游城市和国际冰雪文化名城；是国家战略定位的"沿边开发开放中心城市""东北亚区域中心城市"及"对俄合作中心城市"。

2.1.1 地理位置

哈尔滨市位于东经 125°42′～130°10′、北纬 44°04′～46°40′ 之间，市域总面积5.38万 km²，其中市区面积1.02万 km²。哈尔滨市地处中国东北北部地区，黑龙江省南部，是全国所处纬度最高，位居最东端的省会城市，是全省政治、经济、科技、文化中心，是第一条欧亚大陆桥和空中走廊的重要枢纽之一。哈尔滨市西部和西南部是松嫩平原，北部和东北部是小兴安岭山地，东部和东南部是长白山系张广才岭。从流域上来看，哈尔滨市位于松花江中游江畔，松花江由西南向东北穿过市区。

2.1.2 地形地貌

哈尔滨市地形总体东高西低，市区地域平坦、低洼，中部有松花江通过，其余区域多山地及丘陵。哈尔滨市区主要分布在松花江形成的三级阶地上：第一级阶地海拔在132～140m 之间，主要包括道里区和道外区，地面平坦；第二级阶地海拔在145～175m 之间，由第一级阶地逐步过渡，无明显界限，主要包括南岗区和香坊区的部分地区，面积较大，略有起伏；第三级阶地海拔在180～200m 之间，主要分布在荒山嘴子和平房区南部等地，再往东南则逐渐过渡到张广才岭余脉，为丘陵地区。

2.1.3 区域地质

哈尔滨市境内地质构造属长白、兴安褶皱带和松辽中凹陷带。地层主要有中生界侏罗系、白垩系以及新生界的第四系。该地区第四系甚为发育,全市区均有第四纪堆积,且从更新统到全新统均有分布,而前第四系则隐伏于第四系之下,在哈尔滨市区地表未出露。沉积厚度受新构造运动控制,河流阶地的第四系厚度为60m左右,河漫滩区的第四系厚度为40m左右。

　　哈尔滨市区及附近活动断裂少,除阿什河与松花江交汇处是活动构造复合部分,稳定性较差外,其余区域地壳较为稳定,地基承载力在120～180kPa之间。松北区分布有大量的滩涂湿地,地下水埋深较浅,工程地质条件相对差一些。

　　地下水类型为孔隙潜水,水位随季节变化而变化,与地表水存在互补关系。地下水化学类型以 HCO_3^-—Ca 型为主,对混凝土无腐蚀性。

　　根据《中国地震动参数区划图》(GB 18306—2001),哈尔滨市地震动峰值加速度大于 $0.05g$,属于基本稳定区域,抗震设防烈度为4度。

2.1.4　气象水文

　　哈尔滨市地处亚欧大陆东部的中高纬度,属半湿润大陆季风性气候,冬季漫长寒冷,夏季炎热湿润,降雨集中。哈尔滨市多年平均温度3.6℃,最高气温在7月,达40℃,最低气温在1月,达−40℃。哈尔滨市季风较大,春季易发生春旱和大风,气温回升快且变化无常,升温或降温一次可达10℃左右。多年平均年蒸发量为796.3mm,多年平均年降水量为611mm,集中降水期为每年7—8月,集中降雪期为每年11月至次年1月。

　　哈尔滨市境内的大小河流均属于松花江水系和牡丹江水系,主要有松花江、呼兰河、阿什河、拉林河、牤牛河、蚂蚁河、东亮珠河、泥河、漂河、蜚克图河、少陵河、五岳河、倭肯河等。主要河流的河川径流量年际变化较大,与大气降水的年际变化类似,天然径流年内分配变化很大,在绝大多数年份中,汛期(6—9月)径流量占多年平均年径流量的60%～75%。

2.1.5　土壤类型

　　哈尔滨市域土壤类型有白浆土、暗棕壤土、黑土、草甸黑土、沼泽土、泥炭土、泛滥土、水稻土等9个土类,21个亚类。其中,黑土分布最广、数量最多;草甸土主要分布于江河两岸的冲积平原及山间谷地;砂土、沼泽土和泥炭土主要分布在低洼地、地下水位高及地表长期积水的地段。水稻土、黑土、草甸土是全市主要耕作土壤。

2.2　哈尔滨市水域概况

2.2.1　中小河流现状

　　全市境内的大小河流均属于松花江水系,有流域面积50km²以上的河流136条。松花江流经哈尔滨市5区6县(市),区段总长466km。一年中降水主要集中在6—9月,占全年降水量的70%以上。哈尔滨水资源特点是自产水偏少,过境水较丰,时空分布不均,表征为东富西贫。全市多年平均水资源总量114亿 m³,其中地表水99亿 m³,地下水36亿 m³。全市人均占有水资源量1072m³,约占全国人均水平的60%。

2.2.2　水域（湿地）生境现状

松花江哈尔滨市区段属丘陵与平原河流相间地形，江道蜿蜒曲折，自西南流向东北，南岸阶地明显，北岸地势平坦。地貌成因属堆积和剥蚀堆积类型，内河切割松花江阶地和漫滩地，形成起伏变化的地貌。总的地形为南高北低，西高东低。

在上游右岸的双城界至运粮河口和左岸的方台乡至大顶子山航电枢纽工程是无堤段，与漫滩地有明显的陡坎分界。其余段筑有堤防，是人工控制为主的江道形态。松花江公路大桥以上江段漫滩宽 3～6km；松花江公路大桥至阿什河口段漫滩地宽 1～3km；阿什河河口以下 8km 河段，河漫滩地形平坦，高程在 115.00～122.00m。

地形、地貌的发育和形成与水流的冲淤变化规律关系密切。松花江含沙量不大，哈尔滨水文站多年平均年来沙量为 732 万 t，但年际和年内丰、枯水季节间输沙率的变化较大，这种变化直接影响滩地的发育和演变。主槽边滩的形成和演变是在洪水期完成的。由于河流侧蚀作用，在凹岸形成多处蚀土崖。洪水期江水溢出河槽，形成广阔平坦的河漫滩，发育有大面积的河漫滩相沉积层。凸岸河漫滩发育有许多弧形排列的河岸沙堤，普遍存在河岸横向逐渐降低地势。

松花江属冲淤型平原河床，在河床平面形态上，弯曲呈正弦曲线势，曲流带的移动，使江道裁弯取直，而形成诸多的牛轭湖和低洼地。松花江中还发育着许多江心岛，其形成原因主要有以下几种：

（1）分布在江道中的凸岸，由于曲流颈被裁弯取直形成汊河，河流流量大都从裁直的水路中通过，从而形成江心岛，大套子滩岛、阳明滩岛即属此类。

（2）在裁直的水路中，由于新河床的宽度和深度不如老河床而形成江心岛，何家滩岛即属此类。

（3）在河床的由窄变宽处，由于水流扩散而形成江心岛，如狗岛。

（4）在凹岸地带支流江口的稍下方，由于干流洪水顶托以及支流含沙量较高，从而形成江心岛，如阿什河口附近的珍珠岛。

这些江心岛一般高出平水期水面 1～3m，岛头较高。岛尾部分在洪水期大都被水流淹没，属低河漫滩。

在江心岛两侧还发育着河岸沙堤。沙堤一般高 2～5m，长 400～700m，宽 50～200m。朝主江道一侧的为陡坡，另一侧为缓坡。在江心岛末端的沙堤收敛处往往形成窄长条状的河湾和湖泊，最典型的如狗岛。

在松花江的河漫滩和江心岛上，冲积沙经风吹扬后，可形成高达 2～3m 的沙堆和沙丘。大多沙堆和沙丘已形成草被，属固定沙丘，少部分仍属于流动性沙丘。在河漫滩上还发育着许多波纹，一般长 10cm 左右，高 2～3cm，呈雁形排列，多与西北风垂直，其迎风坡较缓。

由于松花江蜿蜒流过，形成了大面积的湿地，哈尔滨是依托河流湿地、河漫滩湿地等天然湿地基础上逐步发展起来的城市。哈尔滨市天然湿地面积 3290km²，其中沼泽湿地 1370km²，河流湿地 1920km²。规模较大的天然湿地有松北湿地、白鱼泡湿地、阿什河湿地等。自 20 世纪 80 年代以来，由于过度围垦、鱼塘开发、取土挖沙等人为的不合理开发，使天然湿地面积萎缩，湿地生境破碎化，湿地水体受到污染，生物多样性下降，湿地功能明显退化。

　　狗岛是哈尔滨市最重要湿地之一。位于松花江哈尔滨市区段滨州桥与滨北桥之间，是典型的河漫滩湿地，东西长约 4.5km，南北最宽约 1.3km，面积达 4.2km²，是哈尔滨市"万顷松江湿地、百里生态长廊"的重要滩岛。

2.2.3　植被现状

　　哈尔滨市中小河流河岸缓冲带主要有草甸植被、沼泽植被、水生植被 3 种植被类型。草甸植被分为典型草甸和沼化草甸；沼泽植被分为芦苇沼泽、小叶章-芦苇沼泽、苔草-小叶章沼泽、毛果苔草沼泽、漂筏苔草沼泽、灰脉-乌拉苔草沼泽等；水生植被分为挺水型、浮水型和沉水型。其中，挺水植物以香蒲、千屈菜为优势植物；浮水植物以槐叶萍、浮草、睡莲等为优势植物；沉水植物以眼子菜、狐尾藻属植物为优势植物。

2.2.4　水质现状

　　哈尔滨市中小河流水质均系天然水，地表水符合灌溉、饮用及发展渔业的要求，地下水符合工业、农业及饮用水要求。水温变化在 0～24℃之间，月平均水温以 7—8 月为最高，在 12～24℃之间。河流两岸耕地居多，因耕地灌溉的过程中造成了一定的面源污染，直接影响到入河水质，在地表植被覆盖率较低河段，河流水质有明显的恶化。

3 哈尔滨地区河岸带植物现状调查

哈尔滨是黑龙江省省会,是我国东北北部政治、经济、文化中心,是中国省辖市中面积最大、人口居第二位的特大城市。由于哈尔滨市地处寒冷地区,地域特色明显,使其河流生态系统具有极大的典型性和特殊性,河岸带植物的生态特性鲜明,河流水文特性、植被生长规律与机理均有其特殊性。本章将通过实地调研、文献检索、地方志查询、咨询相关政府部门及科研院校等技术手段,收集哈尔滨市河岸带土著植物种类、分布特点、生境要求等基础信息,为后续研究提供扎实基础。

3.1 调查方法及内容

3.1.1 调查方法

河岸带植被现状调查主要通过调查、咨询、查询等方式实现。哈尔滨市水域辽阔,湿地生境多样,为水生植物生长提供了便利场所。通过对已有文献资料的查找,构建哈尔滨市河岸带植物数据库(详见附表)。在查询中发现,文献资料的时效性较差,且无法直观、形象地显示哈尔滨市河岸带植被现状,故在文献资料调查的基础上,需辅以实地调研,以满足后续研究需要。

植被是环境的重要组成因子,是反映区域生态环境的最好标志之一。通过实地调研,可以真实可靠地确定植物的实际生长状况。

河岸植被包括结构和功能两种特征。结构特征包括群落的物种组成、个体数、空间水平分布、垂直分布、高度、盖度、多度、密度、基径和胸径等。功能特征包括光合速率、生物量、生产力、凋落量、凋落物分解和呼吸速率等。根据研究深度要求,本次主要收集河岸植被结构特征中的部分参数。

样方调查法是了解河岸植被的结构特征的基本调查手段。样方调查中,首先须确定样方的大小,样方大小依据植株大小和密度确定,一般草本的样方在 $1m^2$,灌木林样方在

10m²，乔木林样方在100m²；其次需确定样方的数目，样方的面积须包括群落的大部分物种。样方调查详见表3.1。

表3.1　　　　　　　　　　　　　样　方　调　查　表

样点号：　　　　　　　　面积：　　　　　　　　调查日期：
坡度：　　　　　　　　　坡向：　　　　　　　　海拔：
标志性地物：　　　　　　河道宽度：　　　　　　河岸基底：
河岸带植被宽度：本侧　　m　　对岸　　m　　　植被描述：

序号	物种名	个体数	高度/m		优势度/%	频度	备注
			平均	最高			
1							
2							
3							
4							
⋮							

实地调查主要利用的书籍资料有《中国植物志》《中国农田杂草原色图谱》（农业出版社，1990）、《黑龙江省植物志》《园林植物识别与应用实习教程——北方地区》（中国林业出版社，2009）、《中国湿地植物图鉴》（重庆大学出版社，2011）、《水生植物图鉴》（华中科技大学出版社，2012）、《常见野花》（中国林业出版社，2009）等。主要利用的学术论坛及电子资源有中国植物志网络版、普兰塔、中国杂草信息图谱、百度百科等。主要咨询的部门及人员有哈尔滨林业局植物与自然保护区管理处、东北林业大学园林学院以及当地居民等。植物辨别见图3.1～图3.6。

图3.1　植物现场辨认　　　　　　　　图3.2　咨询当地农民

3.1.2　调查内容

根据样方调查的原则及方法，主要调查以下几方面内容。

3.1.2.1　物种种名

在植物样方调查中，物种的识别最为关键。确定物种的方法可实地辨认；对于难以辨别的物种，通过采集标本，带回实验室识别；也可拍照片记录资料，带回实验室辨别。花、果、根和叶的信息对于植物物种鉴别最为重要，因此无论是标本的采集，还是图片资

图 3.3 咨询相关专家

图 3.4 植物书籍查询

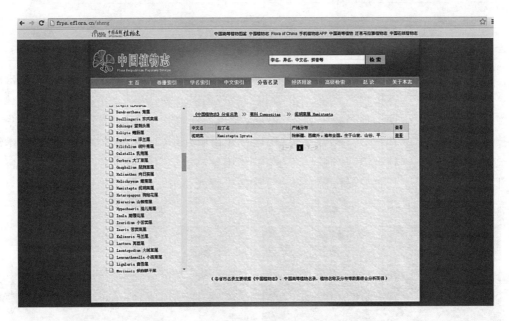
图 3.5 植物网络查询

料的记录，花、果、根和叶的信息都应尽可能地收集。

3.1.2.2 物种高度

高度指植株地上部分的高度，测定时一般测量最高和平均高度。不同高度的物种占据了群落中的不同空间位置，决定了群落的垂直结构。

在进行本次调查时，通过测量的方式，结合不同位置（常水位、洪水位）的植物分布特征，获得每种物种的高度分布范围及平均高度等实验数据。

3.1.2.3 物种优势度

优势度即是指样方中各部植物个体遮盖地面的面积、或它们的地上部分（枝、叶等）垂直投影所覆盖的土地面积，一般按所占单位面积的百分率或十分数表示。基部盖度，又称统盖度、基盖度或真盖度，是指植物基部实际所占的面积。

图 3.6 植物图片收集（部分）

野外调查时常用的测定方法有面积估量法和估测法。对于个体是簇生、丛生或密生的物种，可将其投影近似为规则的形状，如长方形，通过精确测量长宽计算出的面积作为其阴影面积，与样方的面积相比得到优势度；某些物种个体生长扩展的范围较大，但其个体上叶的数量较少（如莎草），测定时按物种主体占空间的投影比例进行记录。估测法一般在具有一定的测定经验后采用。根据实际情况，本次调查主要采用估测法。

优势度＝底面积（或覆盖面积总值）/样方面积

相对优势度＝一个种的优势度/所有种的优势度×100％

3.1.2.4 物种密度

密度是指单位面积或者单位空间内的物种个体数。样方内某一物种的个体数占全部物种个体数的百分比称为相对密度。

密度＝个体数目/样方面积

相对密度＝一个种的密度/所有种的密度×100％

通过计数及实地测量的方式获得此数据。

3.1.2.5 物种频度

频度即含有某特定种的样方数（或统计样方数）占样方总数的百分数，称为该物种的频度。它反映群落各组成种在水平分布上是否均匀一致，从而说明植物与环境或植物之间的某些关系。

频度测定常用两种方法：一种是利用总体调查的样方数据；另一种在样方点上进行，可随机投掷样方框，记录其中的物种，测定一定数量的样方后计算频度。

频度＝包含该物种样方数/样方总数

相对频度＝一个种的频度/所有种的频度×100％

通过利用总体调查的样方获得此数据。

3.1.2.6 物种根长

通过测量的方式，获得每种物种的根深分布范围及平均根深等实验数据。样品根长测量见图3.7和图3.8。

图3.7 样品标本采集

图3.8 样品标本测量

3.2 调查地点选择

根据中国水利水电科学研究院"哈尔滨市中小河流治理与保护对策研究"的研究成果，及哈尔滨市水务科学研究院已有调研成果，拟选择的调查河流具有以下特征：

（1）何家沟为哈尔滨市典型的人工河流，位于市中心，受人工干扰比较严重；洪涝风险为Ⅰ级，防洪等级极低；水资源脆弱评估等级为Ⅰ级，生态较脆弱；面源污染强度评估等级为Ⅰ级，面源污染严重。

（2）运粮河为哈尔滨市重要的城郊河流；防洪风险为Ⅱ级，防洪等级较低；水资源脆弱评估等级为Ⅰ级，生态较脆弱；面源污染强度评估等级为Ⅰ级，面源污染严重。

（3）阿什河综合治理是哈尔滨市水生态文明建设试点的10个示范项目之一，是水生态文明建设的重点，各支流的生态现状对其治理效果影响较大。

综合以上因素考虑，选择松花江支流运粮河、何家沟、阿什河支流怀家沟、庙台沟、东风沟共5条河流作为典型河流代表，进行实地调研。

3.2.1 运粮河样方设置

运粮河俗称"金兀术运粮河"，别名"苇塘沟"，今亦称"库扎河"，为松花江干流右岸支流，位于哈尔滨市境内。传说是金代初期开凿的人工运河，为无源河。沿河道建有立功、八一、友谊、兴隆4座小型水库，水库功能主要为灌溉、养殖。运粮河全长约60km，河床平均宽10~20m，流域面积415km²，沿途汇入泉水较多，但主要依靠天然降水补给，每年11月中旬至次年4月上旬为结冰期。途经哈尔滨市道里区新农镇、太平镇、榆树乡，南岗区红旗满族乡，阿城区杨树乡，双城区周家镇、东官镇、五家镇等4个区，8个乡（镇），34个村（屯）。

根据前期踏查成果，在运粮河两岸除五一水库下游有明显堤防，跨河桥梁上下游设堤外，其余河道均分布在运粮河附近的工矿企业、居民点，防洪设施偏少，造成抗洪能力降低。只要遭遇稍大的雨洪就会形成灾害。很多河段，尤其是在入江口及凹岸处已经出现多处塌陷及裂缝；河上建有水库4座并跨越多个行政区域，其中的八一水库由闫家岗农场管辖，兴隆水库归祥阁集团所有。由于管理权限的转移，在水库的使用及河道管理上出现很多问题；据不完全统计，在运粮河两岸有排水沟（口）26条（个），大型垃圾堆（牛粪堆）11个，直排厕所4个，岸边滩地被开辟为农田，植被破坏，导致生态环境恶化。另外沿岸的新兴工业园区、砖厂等多个工矿企业、企事业单位、居民向运粮河排放未经处理的生产、生活污水，生活垃圾、建筑垃圾等，严重影响运粮河水质，致使运粮河局部出现黑臭、浑浊以及超量浮萍等；总体来说，运粮河除上游友谊水库至兴隆水库河面较宽，以及各水库附近水量较充沛外，运粮河的水量严重不足，河道基本上是裸露的河床，期间出现近12km的断流，水面宽度大部分不足河道总宽度的1/2，水体流动性差，特别是在中下游，出现多个滞水区，河流的生态需水无法满足。目前存在着管理混乱、河道侵占严重、河道污染加剧、超量采水突出等问题的运粮河，是哈尔滨市矛盾较为突出的典型小型河流。

根据《河流生态调查技术方法》（科学出版社，2011）技术要求，综合考虑河流常水位、洪水位位置，在运粮河的上游、中游、下游左右两岸各设置采样点5个（共30个）。采样点间距离为500m，样方面积为1m×1m。样方位置示意见图3.9。

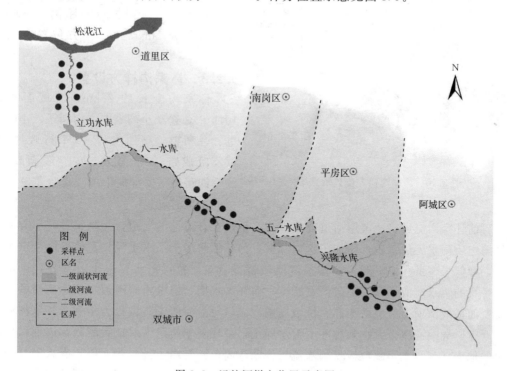

图3.9 运粮河样方位置示意图

3.2.2 何家沟样方设置

何家沟全长约33km，位于哈尔滨市城区西边缘上风向，系松花江一级支流，由东河沟、西河沟和十流三段组成。河道横穿平房、香坊、南岗、道里4个行政区后入松花江，

主要承担着沿线 $125km^2$ 集水面积的泄洪及排污任务。何家沟东、西沟发源地皆为工厂、企业和居民区的排污口,常年向沟内排放大量工业和生活污水,使水质不断恶化,并经入江口排入松花江市区段上游,造成了松花江水质的污染。同时,沿线倾倒、堆积的垃圾,使河道日趋狭窄,特别是大部分桥涵地带,垃圾堵塞严重,阻碍泄洪,产生恶臭气味,污染了两岸周边空气。

2010 年年初,哈尔滨市委、市政府抓住国家治理松花江流域水污染这一契机,将何家沟综合治理纳入全市"中兴"战略的重要组成部分,提出了明确目标——让何家沟 3 年后化蛹成蝶,由臭水沟变身为清水河,成为城市绿色生态廊道。通过采取污水截流、达标排放、河道清障、引清水入沟等具体措施,力图使何家沟发生根本性转变。

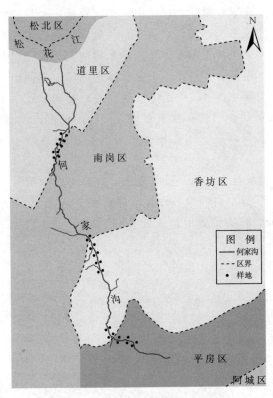

图 3.10　何家沟样方位置示意图

根据《河流生态调查技术方法》(科学出版社,2011)技术要求,综合考虑河流常水位、洪水位位置,在何家沟的上游、中游、下游左右两岸各设置采样点 5 个(共 30 个)。采样点间距离为 300m,样方面积为 $1m \times 1m$。样方位置示意见图 3.10。

3.2.3　怀家沟样方设置

怀家沟全长约 28km,流域面积约 $101km^2$,途经小高家屯、南岗子、小嘎哈屯、舍利屯、马回屯等 30 个行政村屯,以及哈成路、301 国道、G10 绥满高速、滨绥铁路等主要交通干道。是哈尔滨市典型的小型河流。

目前怀家沟流域耕地占用河道现象十分严重,在有耕地的河道,无防护林,一方面导致暴雨之后雨水无法蓄积,增加了水灾频率;另一方面加重了水土流失,使下游河道淤积抬升,降低了调洪和排洪能力;怀家沟流域桥梁众多,桥梁阻水情况十分明显,在枯水期,桥梁的阻水造成怀家沟上游严重断流,而在丰水期,桥墩阻碍河道水流运动使墩前能量转变而造成墩前上游水面抬高、桥墩周围绕流,对沿河两岸防洪极为不利;怀家沟河道开垦严重,导致河岸带无法栽种乔木蓄水固土,每逢夏季雨量大时或者灌溉高峰期,形成大量的地表径流,土壤颗粒极易随水流入怀家沟内;同时由于排水等原因,有人工开辟雨洪沟、排污沟的现象,破坏岸边植被,已经造成岸坡的大面积水土流失;断流严重、水量过少是怀家沟的一个重要特点,由于断流严重,无法保证怀家沟的正常生态需水量,导致怀家沟已经失去了河流应有的生态特性,且本应出现的湿地也由于自然和人为的各种原因退化直至消失。

根据《河流生态调查技术方法》（科学出版社，2011）技术要求，综合考虑河流常水位、洪水位位置，在怀家沟的上游、中游、下游左右两岸各设置采样点 5 个（共 30 个）。采样点间距离为 200m，样方面积为 1m×1m。样方位置示意见图 3.11。

3.2.4　庙台沟样方设置

庙台沟（又名新利川），河源发源于阿城区杨树乡民权村王佩屯，河口位于哈市利平乡，干流长度约 20km，全流域面积 86.45km²，为阿什河左岸第一条入河一级支流，其上建有民丰水库（小型水库）1 座。庙台沟在香坊区成高子镇汇入阿什河主河道。途经成高子镇、新华镇 2 个乡镇；香坊区东升村、于排子、后许家、六家子、胡头沟，阿城区后陈占一屯、前陈占一屯等共 21 个村屯；及哈成路、民利路、江南中环路、301 国道、G10 绥满高速、绥满线铁路等主要交通干道。

经前期踏查，庙台沟从未进行过系统、全面的疏浚治理，多数河段存在河床淤积严重、防洪排涝能力明显减弱等情况，且多处河道呈 S 形，这无疑加大了庙台沟防洪排涝压力；民丰水库设计总库容 270 万 m³，其中兴利库容 55 万 m³，调洪库容 193 万 m³，防洪库容 88 万 m³，可见

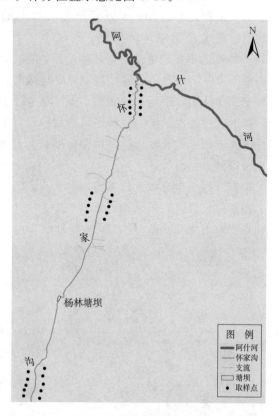

图 3.11　怀家沟样方位置示意图

民丰水库最重要的功能之一就是调蓄洪水。但是在走访中看到，民丰水库在设计时存在先天不足，只有一条无控制闸门的溢洪道。一旦洪水来袭，民丰水库只能任其向下游泄洪，无法阻挡，起不到调蓄洪水的作用，这无疑加剧了下游的洪水隐患；据不完全统计，在庙台沟两岸有排水沟（口）15 条（个），大型垃圾堆 4 个，直排厕所 8 个，岸边滩地被开辟为农田，植被破坏，导致生态环境恶化。随着工业企业的兴起，居民对水资源的保护意识越来越淡漠，庙台沟正处在严重的人为破坏之中，有的河段已被作为各种废物、脏物的天然垃圾箱，从量变到质变，从清流到黑臭，个别的河段正在消失。

根据《河流生态调查技术方法》（科学出版社，2011）技术要求，综合考虑河流常水位、洪水位位置，在庙台沟的上游、中游、下游左右两岸各设置采样点 5 个（共 30 个）。采样点间距离为 200m，样方面积为 1m×1m。样方位置示意见图 3.12。

3.2.5　东风沟样方设置

东风沟发源于道外区永源镇，流经 8 个行政村，属阿什河一级支流，全长 15.94km，跨越道外、香坊、阿城等区。阿什河支流东风沟河道两岸的居民和小型畜牧养殖业将生活垃圾及鸡、猪粪便等污染物不断排入东风沟，致使沟道断面不断缩小，沟底淤泥深达

1～2m，其灰黑色的淤泥黏土散发恶臭，经夏季雨水冲刷，造成阿什河水严重污染，并影响河道在汛期的行洪安全。

阿什河支流东风沟综合治理已被纳入"十二五"环境整治规划，列为市政府督办项目。该项工程先期投资 308 万元，对 5.4km 的东风沟进行农村环境连片整治垃圾收运，清除河道底泥及两岸垃圾处理；投入 150 万元资金，对东风沟进行污染防治，在全长 1.5km 的河道中开挖疏浚、修坡整形后，再在两侧边坡上撒草籽进行绿化。同时，在治理后的沿河岸各行政村屯设置垃圾站点、垃圾容器及垃圾集中场地，建设垃圾压缩车间，组建环卫工作队伍，进行长效管理；最后，阿什河支流东风沟综合治理将在全长 15.94km 的河道上进行底泥清淤，并将东风沟堤段设计采用 10 年一遇防洪标准。整个工程竣工后，阿什河支流东风沟流域内防洪治涝标准将得到全面提高，区域内的居民生存环境、生态环境也将得到全面改善。

根据《河流生态调查技术方法》（科学出版社，2011）技术要求，综合考虑河流常水位、洪水位位置，在东风沟的上游、中游、下游左右两岸各设置采样点 5 个（共 30 个）。采样点间距离为 200m，样方面积为 1m×1m。样方位置示意见图 3.13。

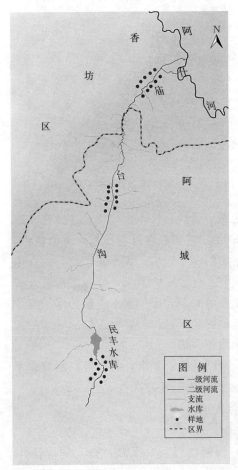

图 3.12　庙台沟样方位置示意图

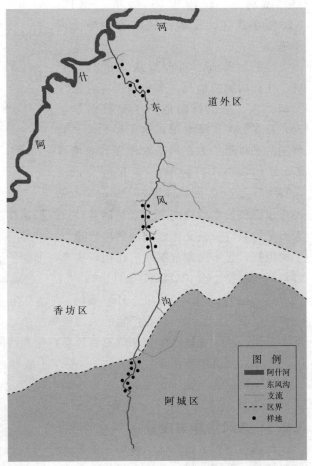

图 3.13　东风沟样方位置示意图

3.2.6 狗岛样方设置

狗岛又名阿勒锦州，位于松花江哈尔滨市区段滨州桥与滨北桥之间，位于道外区内。狗岛形似梭形，是典型的河漫滩湿地，狗岛东西长约4.5km，南北最宽约1.3km，面积达4.2km²，是哈尔滨市"万顷松江湿地、百里生态长廊"的重要滩岛。狗岛东西两端相望于松花江南岸海员街石油库和景阳街，松浦大桥恰巧从狗岛中部通过。

因科研条件限制，没有船只作为交通工具通过狗岛的水面连接处，故此次狗岛调查仅调查狗岛的主体部分。在狗岛范围内每隔约300m距离设定样地一块，共在狗岛设置样地40块。狗岛调查范围及样地分布见图3.14，各样地信息见表3.2。

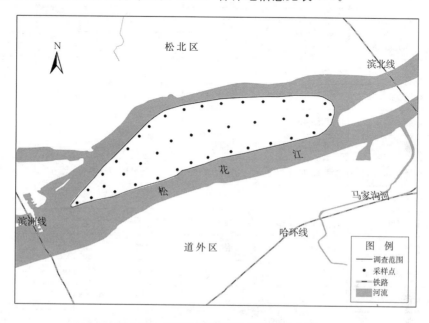

图 3.14　狗岛调查范围及各样地分布图

表 3.2　　　　　　　　　　狗 岛 各 样 地 信 息 表

编号	位　　置		林分类型	树　　种	建群种
1	东经126.654°	北纬45.817°	纯林	新疆杨	新疆杨
2	东经126.660°	北纬45.807°	—		
3	东经126.655°	北纬45.805°	混交林	旱柳、家榆、新疆杨	家榆
4	东经126.651°	北纬45.814°	混交林	樟子松、新疆杨	樟子松
5	东经126.649°	北纬45.812°	纯林	新疆杨	新疆杨
6	东经126.646°	北纬45.810°	纯林	新疆杨	新疆杨
7	东经126.657°	北纬45.811°	—		
8	东经126.643°	北纬45.807°	混交林	樟子松、新疆杨	新疆杨
9	东经126.641°	北纬45.805°	混交林	旱柳、新疆杨	旱柳
10	东经126.639°	北纬45.802°	混交林	旱柳、新疆杨、樟子松	樟子松

编号	位　　置		林分类型	树　　种	建群种
11	东经 126.637°	北纬 45.800°	纯林	新疆杨	新疆杨
12	东经 126.664°	北纬 45.809°	混交林	青杆、新疆杨	青杆
13	东经 126.668°	北纬 45.810°	混交林	旱柳、新疆杨	新疆杨
14	东经 126.672°	北纬 45.811°	混交林	梨、山楂、新疆杨	新疆杨
15	东经 126.649°	北纬 45.818°	混交林	旱柳、新疆杨、樟子松	樟子松
16	东经 126.663°	北纬 45.819°	纯林	旱柳	旱柳
17	东经 126.666°	北纬 45.819°	纯林	旱柳	旱柳
18	东经 126.668°	北纬 45.820°	—	—	—
19	东经 126.672°	北纬 45.820°	混交林	旱柳、新疆杨	新疆杨
20	东经 126.674°	北纬 45.820°	纯林	新疆杨	新疆杨
21	东经 126.679°	北纬 45.820°	纯林	旱柳	旱柳
22	东经 126.685°	北纬 45.820°	混交林	旱柳、新疆杨	旱柳
23	东经 126.675°	北纬 45.812°	纯林	旱柳	旱柳
24	东经 126.679°	北纬 45.812°	混交林	旱柳、家榆	旱柳
25	东经 126.665°	北纬 45.814°	混交林	旱柳、家榆、新疆杨	旱柳
26	东经 126.684°	北纬 45.814°	混交林	旱柳、家榆、新疆杨	家榆
27	东经 126.651°	北纬 45.803°	混交林	旱柳、家榆、青杆	旱柳
28	东经 126.646°	北纬 45.802°	混交林	梨、新疆杨、樟子松	新疆杨
29	东经 126.643°	北纬 45.802°	纯林	新疆杨	新疆杨
30	东经 126.640°	北纬 45.801°	混交林	樟子松、旱柳	旱柳
31	东经 126.640°	北纬 45.802°	混交林	新疆杨、梨、樟子松、青杆	新疆杨
32	东经 126.661°	北纬 45.813°	混交林	新疆杨、樟子松	樟子松
33	东经 126.668°	北纬 45.814°	混交林	旱柳、家榆	旱柳
34	东经 126.671°	北纬 45.815°	纯林	旱柳	旱柳
35	东经 126.677°	北纬 45.816°	混交林	旱柳、家榆	旱柳
36	东经 126.680°	北纬 45.817°	混交林	家榆、旱柳	旱柳
37	东经 126.686°	北纬 45.817°	纯林	新疆杨	新疆杨
38	东经 126.652°	北纬 45.809°	纯林	旱柳	旱柳
39	东经 126.648°	北纬 45.806°	混交林	旱柳、新疆杨	新疆杨
40	东经 126.644°	北纬 45.804°	纯林	旱柳	旱柳

3.3 现状调查结果

3.3.1 运粮河河岸带植被现状调查结果

综合考虑河流常水位、洪水位位置，在运粮河的上游、中游、下游左右两岸各设置采样点5个（共30个）。采样点间距离为500m，样方面积为1m×1m。采样点附近植物全部为草本植物，无乔木及灌木。采样现场情况见图3.15和图3.16。

图 3.15 运粮河采样现场情况图 1

图 3.16 运粮河采样现场情况图 2

通过对运粮河沿岸的样方进行样方调查，其河岸带植被中主要的植物有草地早熟禾、土荆芥、翦股颖、车前、毛茛、弯囊苔草、菵草、全叶马兰、白花碎米荠、细叶苔草、蒙古蒿、紫花地丁、少毛稀莶、苍耳、玉竹、风毛菊、黄花蒿、龙须菜、五叶地锦、小根蒜共20种。植物样方调查情况见表3.3。

表 3.3   运粮河植物样方调查表

植物名称	科　属	拉丁学名	生长位置
草地早熟禾	禾本科早熟禾属	*Poa pratensis* L.	HS、HC
土荆芥	藜科藜属	*Chenopodium ambrosioides* L.	HS
翦股颖	禾本科翦股颖属	*Agrostis stolonifera* L.	HS、HC
车前	车前科车前属	*Plantago asiatica* L.	HS、HC
毛茛	毛茛科毛茛属	*Ranunculus japonicas* Thunb.	HS、HC
弯囊苔草	莎草科苔草属	*Carex dispalata*	HS、HC
菵草	禾本科菵草属	*Beckmannia syzigachne*（Steud.）Fernald	HS、HC
全叶马兰	菊科马兰属	*Kalimeris integrtifolia* Turcz. ex DC.	HS
白花碎米荠	十字花科碎米荠属	*Cardamine leucantha*	HS
细叶苔草	莎草科苔草属	*Carex rigescens*	HS、HC
蒙古蒿	菊科蒿属	*Mongolian wormwood*	HS、HC

植物名称	科　属	拉 丁 学 名	生长位置
紫花地丁	堇菜科堇菜属	*Viola yedoensis Makino*	HS、HC
少毛豨莶	菊科豨莶属	*Siegesbeckia orientalis* L.	HS、HC
苍耳	菊科苍耳属	*Xanthium sibiricum* Patrin ex Widder	HS
玉竹	百合科玉竹属	*Polygonatum odoratum*（Mill.）Druce	HS
风毛菊	菊科风毛菊属	*Saussurea japonica*（Thunb.）DC.	HS、HC
黄花蒿	菊科蒿属	*Artemisia annua* Linn.	HS、HC
龙须菜	百合科天门冬属	*Asparagus schoberioides* Kunth	HS
五叶地锦	葡萄科爬山虎属	*Parthenocissus quinquefolia*（L.）Planch.	HS
小根蒜	百合科葱属	*Allium macrostemon* Bunge	HS

注　HS—洪水位以上中生植物；HC—常水位与洪水线之间湿生植物。

3.3.2　何家沟河岸带植被现状调查结果

综合考虑河流常水位、洪水位位置，在何家沟的上游、中游、下游左右两岸各设置采样点 5 个（共 30 个）。采样点间距离为 300m，采样面积为 1m×1m。采样点附近植物全部为草本植物，无乔木及灌木。采样现场情况见图 3.17 和图 3.18。

图 3.17　何家沟采样现场情况图 1　　　　　图 3.18　何家沟采样现场情况图 2

通过对何家沟沿岸的样方进行样方调查，何家沟沿岸主要生存萹蓄、全叶马兰、地榆、水芹、草地早熟禾、白车轴草、鼠掌老鹳草、苣荬菜、车前、风毛菊、土荆芥、野韭菜共 12 种植物。植物样方调查情况见表 3.4。

表 3.4　　　　　　　　　　　　何家沟植物样方调查表

植物名称	科　属	拉 丁 学 名	生长位置
萹蓄	蓼科蓼属	*Polygonum aviculare* L.	HS、HC
全叶马兰	菊科马兰属	*Kalimeris integrtifolia* Turcz. ex DC.	HS
地榆	蔷薇科地榆属	*Sanguisorba officinalis* L.	HS
水芹	伞形科水芹菜属	*Oenanthe javanica*	CX

植物名称	科　　属	拉　丁　学　名	生长位置
草地早熟禾	禾本科早熟禾属	*Poa pratensis* L.	HS、HC
白车轴草	豆科车轴菜属	*Trifolium repens* L.	HS、HC
鼠掌老鹳草	牻牛儿苗科老鹳草属	*Geranium sibiricum* L.	HS、HC
苣荬菜	菊科苣荬菜属	*Sonchus arvensis* Linn.	HS、HC
车前	车前科车前属	*Plantago asiatica* L.	HS、HC
风毛菊	菊科风毛菊属	*Saussurea japonica*（Thunb.）DC.	HS、HC
土荆芥	藜科藜属	*Chenopodium ambrosioides* L.	HS
野韭菜	百合科葱属	*Allium japonicurn* Regel	HS

注　HS—洪水位以上中生植物；HC—常水位与洪水线之间湿生植物；CX—常水位以下水生植物。

3.3.3　怀家沟河岸带植被现状调查结果

综合考虑河流常水位、洪水位位置，在怀家沟的上游、中游、下游左右两岸各设置采样点5个（共30个）。采样点间距离为200m，样方面积为1m×1m。采样点附近植物全部为草本植物，无乔木及灌木。采样现场情况见图3.19和图3.20。

图 3.19　怀家沟样方采样前　　　　　　图 3.20　怀家沟样方采样后

通过对怀家沟沿岸的样方进行样方调查，怀家沟沿岸主要生存草地早熟禾、黄花蒿、菵草、细叶苔草、铁杆蒿、白车轴草、玉竹、苣荬菜、泥胡菜、龙葵、益母草、兴安升麻、泽泻、再力花共14种植物。植物样方调查情况见表3.5。

表 3.5　　　　　　　　　　　　　　怀家沟植物样方调查表

植物名称	科　　属	拉　丁　学　名	生长位置
草地早熟禾	禾本科早熟禾属	*Poa pratensis* L.	HS、HC
黄花蒿	菊科蒿属	*Artemisia annua* Linn.	HS、HC
菵草	禾本科菵草属	*Beckmannia syzigachne*（Steud.）Fernald	HS、HC
细叶苔草	莎草科苔草数	*Carex rigescens*	HS、HC
铁杆蒿	菊科蒿属	*Artemisia gmelinii*	HS、HC

植物名称	科　　属	拉　丁　学　名	生长位置
白车轴草	豆科车轴菜属	*Trifolium repens* L.	HS、HC
玉竹	百合科玉竹属	*Polygonatum odoratum*（Mill.）Druce	HS
苣荬菜	菊科苣荬菜属	*Sonchus arvensis* Linn.	HS、HC
泥胡菜	菊科泥胡菜属	*Hemisteptia lyrata*（Bunge）Bunge	HS、HC
龙葵	茄科茄属	*Solanum nigrum* L.	HS
益母草	唇形科益母草属	*Leonurus artemisia*（Laur.）S. Y. Hu F	HS
兴安升麻	毛茛科升麻属	*Cimicifuga dahurica*（Turcz.）Maxim.	HS
泽泻	泽泻科泽泻属	*Alisma plantago-aquatica* Linn.	HC
再力花	竹芋科塔利亚属	*Thalia dealbata* Fraser	HC

注　HS—洪水位以上中生植物；HC—常水位与洪水线之间湿生植物。

3.3.4　庙台沟河岸带植被现状调查结果

综合考虑河流常水位、洪水位位置，在庙台沟的上游、中游、下游左右两岸各设置采样点5个（共30个）。采样点间距离为200m，样方面积为1m×1m。采样点附近植物全部为草本植物，无乔木及灌木。采样现场情况见图3.21和图3.22。

图 3.21　庙台沟采样现场情况图 1　　　　　图 3.22　庙台沟采样现场情况图 2

通过对庙台沟沿岸的样方进行样方调查，庙台沟沿岸主要生存野豌豆、风毛菊、狗尾草、抱茎苦荬菜、大叶藻、水芹、芦苇、山野豌豆、铁杆蒿、细叶苔草、美人蕉、千屈菜共12种植物。植物样方调查情况见表3.6。

表 3.6　　　　　　　　　　　　　　庙台沟植物样方调查表

植物名称	科　　属	拉　丁　学　名	生长位置
野豌豆	豆科野豌豆属	*Vicia sepium* L.	HS
风毛菊	菊科风毛菊属	*Saussurea japonica*（Thunb.）DC.	HS、HC
狗尾草	禾本科狗尾草属	*Setaria viridis*（L.）Beauv.	HS
抱茎苦荬菜	菊科苦荬菜属	*Ixeridium Sonchifolium*（Maxim.）Shih	HS、HC

续表

植物名称	科　　属	拉　丁　学　名	生长位置
大叶藻	眼子菜科大叶藻属	*Zostera marina*	CX
水芹	伞形科水芹菜属	*Oenanthe javanica*	HC、CX
芦苇	禾本科芦苇属	*Phragmites communis*	HC、CX
山野豌豆	豆科野豌豆属	*Vicia amoena* Fisch. ex DC.	HS
铁杆蒿	菊科蒿属	*Artemisia gmelinii*	HS、HC
细叶苔草	莎草科苔草属	*Carex rigescens*	HS、HC
美人蕉	美人蕉科美人蕉属	*Canna indica* L.	HC
千屈菜	千屈菜科千屈菜属	*Lythrum salicaria* L.	HC、CX

注　HS—洪水位以上中生植物；HC—常水位与洪水线之间湿生植物；CX—常水位以下水生植物。

3.3.5　东风沟河岸带植被现状调查结果

综合考虑河流常水位、洪水位位置，在东风沟的上游、中游、下游左右两岸各设置采样点 5 个（共 30 个）。采样点间距离为 200m，样方面积为 1m×1m。采样点附近植物全部为草本植物，无乔木及灌木。采样现场情况见图 3.23 和图 3.24。

图 3.23　东风沟采样现场情况图 1　　　　　图 3.24　东风沟采样现场情况图 2

通过对庙台沟沿岸的样方进行样方调查，东风沟沿岸主要生存大油芒、风毛菊、龙须菜、车前、香蒲、野韭菜、黄花鸢尾、德国鸢尾、水葱、菖蒲、雨久花、花叶芦竹共 12 种植物。植物样方调查见表 3.7。

表 3.7　　　　　　　　　　　　东风沟植物样方调查表

植物名称	科　　属	拉　丁　学　名	生长位置
大油芒	禾本科大油芒属	*Spodiopogon sibiricus* Trin.	HS、HC
风毛菊	菊科风毛菊属	*Saussurea japonica*（Thunb.）DC.	HS、HC
龙须菜	百合科天门冬属	*Asparagus schoberioides* Kunth	HS

植物名称	科　属	拉　丁　学　名	生长位置
车前	车前科车前属	*Plantago asiatica* L.	HS、HC
香蒲	香蒲科香蒲属	*Typha orientalis* Presl	CX
野韭菜	百合科葱属	*Allium japonicurn* Regel	HS
黄花鸢尾	鸢尾科鸢尾属	*Iris wilsonii* C. H. Wright	HC、CX
德国鸢尾	鸢尾科鸢尾属	*Iris germanica* L.	HC、CX
水葱	莎草科藨草属	*Scirpus validus* Vahl	HC、CX
菖蒲	天南星科菖蒲属	*Acorus calamus* L.	CX
雨久花	雨久花科雨久花属	*Monochoria korsakowii*	HC
花叶芦竹	禾本科芦竹属	*Arundo donax* var. *versicolor*	HC

注　HS—洪水位以上中生植物；HC—常水位与洪水线之间湿生植物；CX—常水位以下水生植物。

3.3.6 狗岛植被现状调查结果

采用样地调查与查阅历史资料相结合的方法，全面掌握狗岛植被现状。在乔木样地中调查所有乔木树种，分析其种类分布及区系组成；在草本样地中调查样地中草本植物的种类分布及区系组成。

3.3.6.1 狗岛乔木种类及现状分析

在所调查的 40 块样地中，共有乔木树种 7 种，分别为家榆、樟子松、新疆杨、旱柳、青杆、梨、山楂共有 7 种林分类型，分别为新疆杨纯林、新疆杨混交林、旱柳纯林、旱柳混交林、家榆混交林、青杆混交林、樟子松混交林；共有 5 种乔木群落，分别为樟子松群落、家榆群落、青杆群落、旱柳群落、新疆杨群落。具体乔木名录见表 3.8，狗岛各乔木群落分布范围见图 3.25。

表 3.8　　　　　　　　　　狗岛乔木名录调查表

植物名称	拉　丁　学　名	科	属
家榆	*Ulmus pumila* L.	榆科	榆属
樟子松	*Pinus sylvestris* L. var. *mongholica* Litv.	松科	松属
新疆杨	*Populus alba* L. var. pyramidalis Bunge	杨柳科	杨属
旱柳	*Salix matsudana* Koidz.	杨柳科	柳属
青杆	*Picea wilsonii* Mast.	松科	云杉属
梨	*Pyrus spp*	蔷薇科	梨属
山楂	*Crataegus pinnatifida* Bunge	蔷薇科	山楂属

3.3.6.2 狗岛草本种类及现状分析

在所调查的 40 块样地中，共有草本植物 27 科、51 属、57 种，具体统计详见表 3.9。

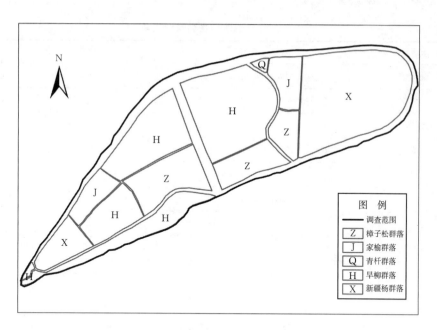

图 3.25 狗岛各乔木群落分布图

表 3.9 狗岛草本植物科属种统计表

科	属	种	科	属	种
百合科	2	2	木贼科	1	1
车前科	1	1	葡萄科	1	1
唇形科	2	2	千屈菜科	1	1
豆科	3	3	茜草科	1	1
禾本科	6	6	蔷薇科	1	1
江蓠科	1	1	茄科	1	1
堇菜科	1	1	伞形科	1	1
桔梗科	1	1	桑科	1	1
菊科	14	20	莎草科	1	1
藜科	1	1	十字花科	2	2
柳叶菜科	1	1	薯蓣科	1	1
萝摩科	1	1	香蒲科	1	1
牻牛儿苗科	1	1	鸢尾科	1	1
毛茛科	2	2			

根据草本植物数目统计，本次狗岛草本调查中，排名前十位的优势草本植物依次为草地早熟禾、狗尾草、龙须菜、稗草、问荆、细叶苔草、蒙古蒿、黄花蒿、月见草、狗娃花，据此将狗岛分为五大草本群落，分别为草地早熟禾群落、狗尾草群落、龙须菜群落、稗草群落、问荆群落。具体草本植物名录见表 3.10，狗岛各草本群落分布范围见图 3.26。

表 3.10   狗岛草本植物名录调查表

植物名称	拉 丁 学 名	科	属
草地早熟禾	*Poa pratensis* L.	禾本科	早熟禾属
狗尾草	*Setaria viridis*（L.）Beauv.	禾本科	狗尾草属
龙须菜	*Asparagus schoberioides* Kunth	江蓠科	天门冬属
稗草	*Echinochloa crusgalli*（L.）Beauv.	禾本科	稗属
问荆	*Equisetum arvense* L.	木贼科	木贼属
细叶苔草	*Carex rigescens*	莎草科	苔草属
蒙古蒿	*Mongolian wormwood*	菊科	蒿属
黄花蒿	*Artemisia annua* Linn.	菊科	蒿属
月见草	*Oenothera biennis* L.	柳叶菜科	月见草属
狗娃花	*Heteropappus hispidus*（Thunb.）Less.	菊科	狗娃花属
毛茛	*Ranunculus japonicas* Thunb.	毛茛科	毛茛属
堇菜	*Viola yedoensis* Makino	堇菜科	堇菜属
蓬子菜	*Galium verum* L.	茜草科	拉拉藤属
鼠掌老鹳草	*Geranium sibiricum* L.	牻牛儿苗科	老鹳草属
大油芒	*Spodiopogon sibiricus* Trin.	禾本科	大油芒属
苦苣菜	*Sonchus oleraceus* L.	菊科	苣菜属
五叶地锦	*Parthenocissus quinquefolia*（L.）Planch.	葡萄科	爬山虎属
芦苇	*Phragmites communis*	禾本科	芦苇属
苍耳	*Xanthium sibiricum* Patrin ex Widder	菊科	苍耳属
铁杆蒿	*Artemisia gmelinii*	菊科	蒿属
龙牙草	*Agrimonia pilosa* Ldb.	蔷薇科	龙芽草属
黄花鸢尾	*Iris wilsonii* C. H. Wright	鸢尾科	鸢尾属
白莲蒿	*Artemisia gmelinii*	菊科	蒿属
三籽两型豆	*Amphicarpaea trisperma* Baker	豆科	三籽两型豆属
苦荬菜	*Ixeris sonchifolia* Hance	菊科	苦荬菜属
穿山龙	*Dioscorea nipponica* Makino	薯蓣科	薯蓣属
泥胡菜	*Hemistepta lyrata*（Bunge）Bunge	菊科	泥胡菜属
甘菊	*Chrysanthemum lavandulifolium*（Fisch. ex Trautv.）Ling et Shih	菊科	菊属
车前	*Plantago asiatica* L.	车前科	车前属
玉竹	*Polygonatum odoratum*（Mill.）Druce	百合科	黄精属

植物名称	拉 丁 学 名	科	属
灰菜	*Chenopodium album*	藜科	藜属
香蒲	*Typha orientalis* Presl	香蒲科	香蒲属
雏菊	*Bellis perennis*	菊科	雏菊属
紫花苜蓿	*Medicago sativa* L.	豆科	苜蓿属
荷兰菊	*Aster novi-belgii*	菊科	紫菀属
披碱草	*Elymus dahuricus* Turcz.	禾本科	披碱草属
野豌豆	*Vicia sepium* L.	豆科	野豌豆属
萝藦	*Metaplexis japonica*（Thunb.）Makino	萝藦科	萝藦属
荠菜	*Capsella bursa-pastoris*（Linn.）Medic	十字花科	荠属
风毛菊	*Saussurea japonica*（Thunb.）DC.	菊科	风毛菊属
龙葵	*Solanum nigrum* L.	茄科	茄属
蓝萼香茶菜	*Rabdosia japonica*（Burm. f.）Hara var. glaucocalyx（Maxim.）Hara	唇形科	香茶菜属
野菊	*Chrysanthemum indicum*	菊科	菊属
抱茎苦荬菜	*Ixeridium sonchifolium*（Maxim.）Shih	菊科	苦荬菜属
沙参	*Adenophora stricta* Miq.	桔梗科	沙参属
千屈菜	*Lythrum salicaria* L.	千屈菜科	千屈菜属
艾蒿	*Artemisia argyi* H. Lév. & Vaniot	菊科	蒿属
拉拉秧	*Humulus scandens*（Lour.）Merr.	桑科	葎草属
益母草	*Leonurus artemisia*（Laur.）S. Y. Hu F	唇形科	益母草属
唐松草	*Thalictrum aquilegifolium* Linn. var. sibiricum Regel et Tiling	毛茛科	唐松草属
二月兰	*Orychophragmus violaceus*	十字花科	诸葛菜属
白晶菊	*Chrysanthemum paludosum*	菊科	茼蒿属
和尚菜	*Adenocaulon himalaicum* Edgew.	菊科	和尚菜属
波斯菊	*Cosmos bipinnata* Cav.	菊科	秋英属
短毛独活	*Heracleum moellendorffii*	伞形科	独活属
野韭菜	*Alliumjaponicurn Regel*	百合科	葱属
蒲公英	*Taraxacum mongolicum* Hand. -Mazz.	菊科	蒲公英属

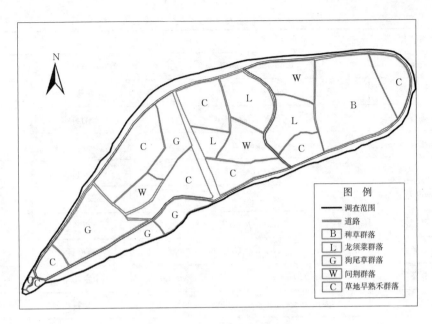

图 3.26　狗岛草本群落分布图

3.4　现状植物简介

　　不同河岸带植物有着各自不同的特征，熟悉植物的所属科属、形态特征、生长习性、栽植方式、工程应用等基本信息，有利于在实践应用中对河岸带植物的科学合理配置、施工和管理，提高其在水体净化和水体景观中的功能作用。

3.4.1　草地早熟禾（*Poa pratensis* L.）

　　（1）所属科属。草地早熟禾属于禾本科早熟禾属，为多年生草本植物。

　　（2）形态特征。草地早熟禾具发达的匍匐根状茎。秆疏丛生，直立，高 50～90cm，具 2～4 节。花期为 5—6 月，结实期为 7—9 月。草地早熟禾具有根茎，其根茎具有强大生命力，能最终形成旺盛的草皮。在 6 月中旬到 11 月中旬的 5 个月内，草地早熟禾能长出 50～75cm 的根茎，根茎能从每一个茎节上再长出茎和根，扩大根系主要分布在土壤表层 15～25cm 处，在经常修剪的情况下，有些根可深入 40～60cm，根系也为多年生。

　　（3）生长习性。草地早熟禾喜光耐阴，喜温暖湿润，又具很强的耐寒能力，但耐旱能力较差，夏季炎热时生长停滞，春秋生长繁茂，是典型的冷季型草种。在排水良好、土壤肥沃的湿地生长良好，根茎繁殖能力再生性好，较耐践踏。在西北地区 3—4 月返青，11 月上旬枯黄；在北京地区 3 月开始返青，12 月中下旬枯黄。在 −30℃ 的寒冷地区也能安全越冬。叶片光滑，前端叶尖稍翘起，幼叶在叶鞘中的排列为折叠式，有地下根茎。耐旱性和耐热性较差，在缺水情况下或在炎热的夏季生长缓慢或停滞，叶尖变黄，绿度较差。草地早熟禾要求排水良好，质地疏松而含有机质丰富的土壤，在含石灰质的土壤上生长更为旺盛，最适宜 pH 值为 6.0～7.0 的土壤。

（4）栽植方式。草地早熟禾在冷湿气候，肥沃的土壤中，可发育成良好的天然草地。培植人工草地，种子微小；应在播种前一年夏、秋季进行耕翻；精细整地。播种前后都要求镇压土地，保持土壤湿度，控制播种深度，保证出苗率。播种期要因地制宜，温暖地区，春、夏、秋均可播种，最宜秋播，生季宜早，以备越夏和避免杂草竞争。高寒地区，春播宜在 4—5 月间，秋播可在 7 月；条播行距 30cm，播深 2～3cm。作为草场，一般播种量每亩约 0.5～0.8kg，草坪育苗，播种量每亩约 7～8kg；但除育苗外，主要移植幼苗，一般不用种子繁殖。

（5）工程应用。草地早熟禾质地细软，颜色光亮鲜绿，绿期长，具有较好的耐践踏性，广泛利用于家庭、公园、医院、学校等公共绿地观赏性草坪以及高尔夫球场、运动场草坪，还可应用于堤坝护坡等设施草坪。草地早熟禾与紫羊茅混合使用，它的建坪速度要比紫羊茅慢。紫羊茅作为一个建坪成分不会在建坪时与草地早熟禾过分竞争，但在遮阴、干旱环境下，尤其在栽培水平较低时，紫羊茅会占主导地位；而在全日照和土壤潮湿条件下草地早熟禾会占主导地位，两者混播对环境的适应性更强。草地早熟禾也可以与其他冷季型草坪草混播，如高羊茅和多年生黑麦草。

3.4.2 土荆芥（*Chenopodium ambrosioides* L.）

（1）所属科属。土荆芥，别名红泽蓝、天仙草、臭草、钩虫草、虱子草等，属于藜科藜属，为一年生或多年生草本植物。

（2）形态特征。土荆芥高 50～80cm，揉之有强烈臭气；茎直立，多分枝，具条纹，近无毛。叶互生，披针形或狭披针形，下部叶较大，长达 15cm，宽达 5cm，顶端渐尖，基部渐狭成短柄，边缘有不整齐的钝齿。

（3）生长习性。喜温暖干燥气候，在高温高湿地方，药材质量较差，挥发油含量较低。对土壤要求以肥沃疏松、排水良好的砂质壤土为佳。宜选向阳干燥地区栽培。生于村旁、路边、旷野及河岸等地。

（4）栽植方式。用种子繁殖，直播或育苗移栽法。3 月中旬将地翻松耙平作畦，宽 1～1.4m，每 1hm² 施堆肥或厩肥 750～900kg 作基肥。种子繁殖，春播于 3 月中旬至 4 月上旬。直播：按行距 30cm 在畦上开条沟，将种子均匀播入沟内，薄覆细土，以盖没种子为度。约经 10～15 天即可发芽。苗齐后间苗 1～2 次。每窝留苗 1～2 株，保持株行距 0.5m。育苗移栽：在苗床内按行距 10cm 开条沟，将种子均匀播入，盖细土一层，灌水湿润。出苗后，待幼苗高至 12～16cm 时，即可移植，按株和行距各 30～36cm 开穴，每穴栽植 1～2 株，覆土镇压后，灌水。

（5）工程应用。主要用于药用应用。

3.4.3 匍股颖（*Agrostis stolonifera* L.）

（1）所属科属。匍股颖属于禾本科匍股颖属，为多年生草本植物。

（2）形态特征。匍股颖具有长的匍匐枝，直立茎基部膝曲或平卧。圆锥花序开展，卵形，长 7～12cm，宽 3～8cm，分枝一般 2 枚，近水平开展，下部裸露，小穗暗紫色。

（3）生长习性。匍股颖用于世界大多数寒冷潮湿地区。它也被引种到了过渡气候带和温暖潮湿地区稍冷的一些地方，是最抗寒的冷地型草坪草之一。春季返青慢，而秋季变冷时叶子又比草地早熟禾早变黄，一般能度过盛夏时的高温期，但茎和根系可能会严重损伤。养护管理中，适宜的排水、浇灌和疾病防治在土壤温度很高时尤其重要。翦股颖能够忍受部分遮阴，但在光照充足时生长良好。耐践踏性中等。可适应多种土壤，但最适宜于肥沃、中等酸度、保水力好的细壤中生长，最适 pH 值为 5.5～6.5 的土壤。它的抗盐性和耐淹性比一般冷季型草坪草好，但对紧实土壤的适应性很差。幼叶呈卷折式排列于叶鞘中，叶片较多年生黑麦草、草地早熟禾柔软，同时叶片颜色也较浅。耐炎热能力与草地早熟禾相似，如果夏季温度过高，叶尖容易变黄。耐阴能力比草地早熟禾稍强，但不如紫羊茅。具有横走匍匐茎，蔓延能力强，能迅速覆盖地面，形成密度大的草坪。耐盐碱地能力比草地早熟禾强，最适 pH 值为 6.5～7.5 的土壤。耐践踏能力及抗病性均比草地早熟禾、多年生黑麦草差。

（4）栽植方式。多采用播撒种子建坪，由于种子细小，覆土深度不应超过 0.2cm。播种量一般为 4～8g/m² 。仅在同品种内单播或混播，很少与其他草坪草种混播。极耐修剪，在高尔夫果岭上可修剪到 0.3～0.5cm，一般的绿化草坪修剪高度以 3～4cm 为宜。翦股颖由于质地柔软、极耐低修剪而多用于高尔夫果岭。抗病性能较差，对养护水平要求很高，因此较少用于一般的绿化草坪。翦股颖冬季枯黄的迟，在高水平养护条件下，绿期可达 250～270 天。

（5）工程应用。低修剪时，翦股颖能产生最美丽、细致的草坪，在修剪高度为 0.5～0.75cm 时，翦股颖是适用于保龄球场的优秀冷季型草坪草。选择优质草种，也用于高尔夫球道、发球区和果岭等高质量、高强度管理的草坪。由于其具有侵占性很强的匍匐茎，故很少与草地早熟禾这些直立生长的冷季型草坪草混播。翦股颖也用于暖季型草坪草占主导的草坪地的冬季覆播，用于这一目的时，它常与其他一些建坪快的冷季型草坪草混合。

3.4.4　车前（*Plantago asiatica* L.）

（1）所属科属。车前又名车前草、五根草，车轮菜，属于车前科车前属，为多年生草本植物。

（2）形态特征。车前草多年生草本连花茎可高达 50cm。具须根；具长柄，几乎与叶片等长或长于叶片，基部扩大；叶片卵形或椭圆形。

（3）生长习性。多年生草本植物，喜温暖，阳光充足、湿润的环境，怕涝、怕旱，适宜于肥沃的砂质壤土种植。生于山野、路旁、花圃或菜园、河边湿地、、路边、沟旁、田边潮湿处；海拔 1800m 以下的山坡、田埂和河边。

（4）栽植方式。播种适期为 7 月下旬。苗床应先在瓜类、山药棚架下面。大田 667m² 用种量为 40～50g，苗床面积 10m² 。整平苗床后浇透水，用细砂拌种均匀，播种后薄盖细土，再用湿稻草覆盖保湿有利出苗。出苗 60% 后，揭除盖草，然后用遮阳网遮阴覆盖，降温保湿育苗。苗龄 30～35 天，培育 4～5 片全展叶壮苗。

（5）工程应用。主要作为药物应用。

3.4.5　毛茛（*Ranunculus japonicus* Thunb.）

（1）所属科属。毛茛属于毛茛科毛茛属，为多年生草本植物。

（2）形态特征。多年生草本。须根多数簇生。茎直立，高 30～70cm，中空，有槽，具分枝，生开展或贴伏的柔毛，花果期为 4—9 月。

（3）生长习性。生于田沟旁和林缘路边的湿草地上，海拔 200～2500m。喜温暖湿润气候，日温在 25℃生长最好。喜生于田野、湿地、河岸、沟边及阴湿的草丛中。生长期间需要适当的光照，忌土壤干旱，不宜在重黏性土中栽培。

（4）栽植方式。种子繁殖：7—10 月果实成熟，用育苗移栽或直播法。9 月上旬进行育苗，播后覆盖少许草皮灰及薄层稻草，浇透床土，一般 1～2 周后出苗，揭去稻草。待苗高 6～8cm 时，进行移植。按行株距 20cm×15cm 定植。

（5）工程应用。主要作为药物应用。

3.4.6 弯囊苔草（*Carex dispalata*）

（1）所属科属。弯囊苔草属于莎草科苔草属，为多年生草本植物。

（2）形态特征。根状茎粗壮，具匍匐枝。秆粗壮，高 60～90cm，扁三棱状，基部具紫色叶鞘。叶生至秆的上部，宽 10～16mm，果囊斜张，椭圆形，有三棱，呈镰状弯曲，稍长于鳞片，长约 3.5mm，灰绿色或褐绿色，无毛，有少数细脉，基部具短柄，上部骤尖成中等长的喙，喙顶端紫褐色，斜裂。小坚果倒卵形，长 1.5～2mm，有三棱。

（3）生长习性。生长于山地的阳坡、半阳坡。喜潮湿，多生长于山坡、沼泽、林下湿地或湖边。主要分布于东北、西北、华北和西南高山地区，南方种类较少，其中洞庭湖湖区水路相接处较多分布。

（4）栽植方式。草原苔草多为营养繁殖，分蘖节位于土表下不深处。具有较多的根茎，根茎一般均可发生新枝。在水分不足的环境中，多数都处于营养枝状态；种子繁殖成活率甚低，只有当水分条件较好时，才能有较多的植株形成生殖枝，达到开花结实。

（5）工程应用。主要作为牧草应用。

3.4.7 茵草［*Beckmannia syzigachne*（Steud.）Fernald］

（1）所属科属。茵草，别名水稗子、茵米，属于禾本科茵草属，为一年生草本植物。

（2）形态特征。秆直立，高 15～90cm，具 2～4 节。叶鞘无毛，多长于节间；叶片宽条形，叶色较淡，叶鞘长于节间，无毛，叶舌透明膜质，包茎疏松。整个穗属圆锥花序，由多数直立长 1～5cm 穗状花序稀疏排列而成。小穗扁圆形，通常含 1 花，长约 3mm，脱节于颖之下，无柄，成两行着生于穗轴的一侧，两颖等长，边缘膜质背部灰绿色，具淡绿色横纹。花、果期 5—8 月。到 5 月上、中旬种子从穗的顶部向下依次成熟，随熟随脱落于土中。气囊状颖片包裹小花，有助于子实漂浮水面传播。颖果椭圆形，长约 0.7～1.8mm，宽约 0.5～0.6mm，顶端常残存花柱，果皮呈黄色。在 8 月中、下旬遇雨即开始发芽，如干旱则推迟萌发，10 月为发生的高峰期，翌年春天还能有少量发生，种子在土层中的深度常影响到种子的发芽率。

（3）生长习性。适生于水边及潮湿处，为长江流域及西南地区稻茬麦和油菜田主要杂草，尤在地势低洼、土壤黏重的田块危害严重。由于生长迅速，可抑制其他草类的生长。因此，有时形成小片纯群落，它也是其他水湿群落常见的伴生种，具有耐盐性。又是水稻细菌性褐斑病及锈病的寄主，分布遍及全国。

（4）栽植方式。茵草由种子繁殖，分蘖能力较差。因此，只能形成疏丛型，一般在 5 月发芽出土，不久开始分蘖拔节，6—8 月开花结实。种子成熟后立即枯黄。喜生于水湿地，河岸湖旁，浅水中，沼泽地，草甸及水田中，属中生草甸种。

（5）工程应用。主要作为饲料及药物应用。

3.4.8　全叶马兰（*Kalimeris integrtifolia* Turcz. ex DC.）

（1）所属科属。全叶马兰，别名全叶鸡儿肠、野粉团花，属于菊科马兰属，为根蘖性多年生草本植物。

（2）形态特征。茎直立，高 20～70cm，单生或数个丛生，中部以上有近直立的帚状分枝，被细硬毛。叶互生；中部叶多而密，无柄，叶片条状披针形、倒披针形或长圆形，长 2.8～4cm，宽 0.4～0.6cm，先端钝或渐尖，常有小尖头，基部渐狭，边缘稍反卷，下面灰绿，两面密被粉状短绒毛，中脉在下面突起；上部叶较小，条形；花期为 6—10 月，果期为 7—11 月。

（3）生长习性。广泛分布于我国西部、中部、东部、北部及东北部，生于山坡、林缘、灌丛、路旁。

（4）栽植方式。全叶马兰是一种伴人植物，在人家附近、路旁、耕地以及撂荒地上多有分布，几乎成为一种习见的杂草，并混生在次生阔叶林的林绿草地和灌丛的草本层中，在北方城镇附近干燥的低山丘陵上，也有形成大面积的纯群落。

（5）工程应用。全叶马兰对各种家畜有较好的适口性，整个植株几乎都可供家畜饲用，花期过后，植株并不明显硬化，较长期间保持质地柔软，可以做饲料用。

3.4.9　白花碎米荠（*Cardamine leucantha*）

（1）所属科属。白花碎米荠属于十字花科碎米荠属，为多年生草本植物。

（2）形态特征。高 35～70cm，根状茎短而匍匐，着生于多数须根和粗线状长短不一的匍匐枝，白色，横走，并有不定根。叶为单数羽状复叶，总状花序顶生，花为白色，4—7 月开花，6—8 月结条形的长角果。

（3）生长习性。产于东北等省。生于路边、山坡湿草地、杂木林下及山谷沟边阴湿处，海拔 200～2000m。

（4）栽植方式。目前尚未由人工引种栽培。

（5）工程应用。根状茎可供药用，治气管炎；全草及根状茎能清热解毒，化痰止咳。此外，其嫩叶可做野菜食用等。

3.4.10　细叶苔草（*Carex rigescens*）

（1）所属科属。细叶苔草属于莎草科苔草属，为多年生草本植物。

（2）形态特征。具细长根状茎，秆高 3～7cm，三棱形，叶基生；成束。疏丛或密集成小丛。叶片纤细，长 3～9cm，宽 0.5～1.5mm。花穗顶生，隐藏于叶丛中或伸出叶丛以上，小穗具少数花，紧密排成卵状，红褐色；苞片广卵形，膜质，红褐色，背具 1 脉，先端锐尖；花果期为 4—6 月。

（3）生长习性。分布在朝鲜、日本、俄罗斯以及中国的东北、华北、西北等地，多生长在草原、河岸砾石地和沙地。常生于干燥山坡或干燥旷野，成毛毡状。

（4）栽植方式。可在播种前，将种子浸泡于冷水中数小时，捞出晾干，随即播种，目的是让干燥的种子吸到水分，这样播后容易出苗。

（5）工程应用。细叶苔草是一种常见的观赏草，大多对环境要求粗放，管护成本低，抗逆性强，繁殖力强，适应面广。细叶苔草又因其生态适应性强、抗寒性强，抗旱性好，抗病虫能力强，不用修剪等生物学特点而被广泛应用于园林景观设计中。

3.4.11　蒙古蒿（*Mongolian wormwood*）

（1）所属科属。蒙古蒿属于菊科蒿属，为多年生草本植物。

（2）形态特征。根细，侧根多；根状茎短，半木质化，直径 4～7mm，有少数营养枝。茎少数或单生，高 40～120cm，具明显纵棱；分枝多，长 10～20cm，斜向上或略开展；茎、枝初时密被灰白色蛛丝状柔毛，后稍稀疏。叶纸质或薄纸质，上面绿色，初时被蛛丝状柔毛，后渐稀疏或近无毛，背面密被灰白色蛛丝状绒毛；下部叶卵形或宽卵形，二回羽状全裂或深裂，第一回全裂，每侧有裂片 2～3 枚，裂片椭圆形或长圆形，再次羽状深裂或为浅裂齿，叶柄长，两侧常有小裂齿，花期叶萎谢；中部叶卵形、近圆形或椭圆状卵形，长 3～9cm，宽 4～6cm，一至二回羽状分裂，第一回全裂，每侧有裂片 2～3 枚，裂片椭圆形、椭圆状披针形或披针形，再次羽状全裂，稀深裂或 3 裂，小裂片披针形、线形或线状披针形，先端锐尖，边缘不反卷，基部渐狭成短柄，叶柄长 0.5～2cm，两侧偶有 1～2 枚小裂齿，基部常有小型的假托叶；瘦果小，长圆状倒卵形，花果期为 8—10 月。

（3）生长习性。该种广布于森林草原带的草原和草甸的伴生种，特别在大兴安岭以西西侧山麓，东北平原，固定沙丘，山前丘陵地区分布最广，属于温带中生植物。经常生长在河岸沙地、草甸、河谷、撂荒地上，也经常侵入耕地、路旁。在草甸、草甸草原、典型草原群落中均能见到。在局部低湿的草甸中可以形成小群聚。早春 4 月末返青，10 月枯死。

（4）栽植方式。目前尚未由人工引种栽培。

（5）工程应用。主要作为药物应用。

3.4.12　紫花地丁（*Viola yedoensis* Makino）

（1）所属科属。紫花地丁别名野堇菜、光瓣堇菜等，属于堇菜科堇菜属，为多年生草本植物。

（2）形态特征。无地上茎，高 4～14cm，叶片下部呈三角状卵形或狭卵形，上部较长，呈长圆形、狭卵状披针形或长圆状卵形，花中等大，紫堇色或淡紫色，少部分呈白色，喉部色较淡并带有紫色条纹；花果期 4 月中下旬至 9 月。

（3）生长习性。性喜光，喜湿润的环境，耐阴也耐寒，不择土壤，适应性极强，繁殖容易，能直播，一般 3 月上旬萌动，花期 3 月中旬至 5 月中旬，盛花期 25 天左右，单花开花持续 6 天，开花至种子成熟 30 天，4—5 月中旬有大量的闭锁花可形成大量的种子，9月下旬又有少量的花出现。

（4）栽植方式。可采用播种繁殖、分株繁殖或自然繁殖。

（5）工程应用。经过对紫花地丁的观察、培育发现紫花地丁的返青期，在华北地区一般在 3 月上旬，地上部枯死期在 10 月下旬左右，全绿期 200 多天，紫花地丁具有叶形美观、地面覆盖效果好、花期长、观赏价值高、抗逆境能力强、耐寒性强等特点。具有很高的开发利用和推广价值。地被植物：长期以来，城市园林绿地中的地面覆盖植物多是单一的草坪，景观单调，养护费用高，草坪被人们看作为绿化中的奢侈品。宿根花卉管理粗放又极具观赏价值，越来越受到人们的重视。如紫花地丁、萱草、石竹、景天等，紫花地丁作为其中之一，各项测试表明，紫花地丁符合作地被植物的标准，多年生，植株低矮，对地面覆盖效果好，抗逆能力强，养护管理简单，不需经常刈剪，具有草坪所不具备的特殊价值，且具有美观的花色花形，是优良的地被植物。园林用途：单一种植草坪，景观单调，可将紫花地丁种植在草坪中，作为缀花草坪，增加草坪的观赏效果，供游人欣赏休息，种植在园林建筑或古迹等附近的斜坡上既可护坡又可衬托景点；由于花期长、花色艳丽可以在广场、平台布置花坛、花境；在园路两旁、假山石作点缀给人以亲切的自然之美。另外，把不同色系的紫花地丁栽在幽静的山涧、路旁，点缀于山坡草坪，给森林景观增添无限魅力，漫山遍野的野花、野草，除了给人以美的享受外，还能散发出阵阵清香，让人陶醉于大自然。紫花地丁栽培管理简单，成活率高，早春淡紫色小花竞相开放，夏秋季一片翠绿，是很好的园林绿化植物，种源、苗源可近地取材，投资少，效益高。染料用途：叶可制青绿色染料。

3.4.13 豨莶 (*Siegesbeckia orientalis* L.)

（1）所属科属。豨莶属于菊科豨莶属，为一年生草本植物。

（2）形态特征。茎直立，高约30~100cm，分枝斜生，上部的分枝常成复二歧状；全部分枝被灰白色短柔毛；茎中部叶三角状卵圆形或卵状披针形，基部下延成具翼的柄，边缘有不规则浅裂或粗齿，下面淡绿，具腺点，两面被毛，基脉3出；上部叶卵状长圆形，边缘浅波状或全缘，近无柄。头状花序，多数聚生枝端，排成具叶圆锥花序，密被柔毛；总苞宽钟状，叶质，背面被紫褐色腺毛，线状匙形或匙形，内层苞片卵状长圆形或卵圆形，花黄色；两性管状花上部钟状，瘦果倒卵圆形，花果期为4—11月。

（3）生长习性。生于山野、荒草地、灌丛、林缘及林下，也常见于耕地中，海拔110~2700m。

（4）栽植方式。种子繁殖，可育苗和直播。育苗：秋收后将土地耕深20cm左右，整平作畦，播种，播后浇水。北方麦收后进行整地，施肥，作畦移栽（这时苗高30cm左右）。

（5）工程应用。主要作为药物应用。

3.4.14 苍耳 (*Xanthium sibiricum* Patrin ex Widder)

（1）所属科属。苍耳，别名粘头婆、虱马头、苍耳子、老苍子、野茄子、敝子、道人头、刺八裸、苍浪子、绵苍浪子、羌子裸子、青棘子、抢子、痴头婆、胡苍子、野茄、猪耳、菜耳等，属于菊科苍耳属，为一年生草本植物。

（2）形态特征。高20~90cm。根纺锤状，分枝或不分枝。茎直立无枝或少有分枝，下部圆柱形，花期为7—8月，果期为9—10月。

（3）生长习性。常生长于平原、丘陵、低山、荒野路边、田边。苍耳喜温暖稍湿润气候。以选疏松肥沃、排水良好的砂质壤土栽培为宜。耐干旱瘠薄。河南4月下旬发芽，5—6月出苗，7—9月开花，9—10月成熟。黑龙江5月上、中旬出苗，7月中下旬开花，8月中下旬种子成熟。种子易混入农作物种子中。根系发达，入土较深，不易清除和拔出。

（4）栽植方式。用种子繁殖，直播或育苗移法。直播：4月按株距45cm×45cm开穴，穴深6~8cm，每穴播5颗左右，覆土，稍加镇压，浇水。育苗移栽法：3—4月育苗，播种后待苗高10cm左右移栽，每次3~4株。

（5）工程应用。茎皮制成的纤维可以作麻袋、麻绳；苍耳子油是一种高级香料的原料，并可作油漆、油墨及肥皂硬化油等，还可代替桐油；苍耳子悬浮液可防治蚜虫，如加入樟脑，杀虫率更高，苍耳子石灰合液可杀蚜虫；苍耳子可做猪的精饲料。

3.4.15 玉竹 [*Polygonatum odoratum*（Mill.）Druce]

（1）所属科属。玉竹，别名又名葳蕤、女萎、节地、玉术、竹节黄、竹七根、山包米、尾参、西竹、连竹、地管子、铃铛菜等，属于为百合科玉竹属，为多年生草本植物。

（2）形态特征。根状茎圆柱形，直径 5～14mm。茎高 20～50cm，具 7～12 叶。叶互生，椭圆形至卵状矩圆形，长 5～12cm，宽 3～16cm，先端尖，下面带灰白色，下面脉上平滑至呈乳头状粗糙。浆果蓝黑色，直径 7～10mm，具 7～9 颗种子。花期为 5～6 月，果期为 7—9 月。

（3）生长习性。玉竹耐寒、耐阴湿，忌强光直射与多风。野生玉竹生于凉爽、湿润、无积水的山野疏林或灌丛中，生长地土层深厚，富含砂质和腐殖质。

（4）栽植方式。一般在 10 月上旬至 10 月下旬，选阴天或晴天栽种，栽时在畦上按行距 30cm 开 15cm 深的沟，然后将种茎按株距 15cm 左右平排在沟里，随即盖上腐熟粪肥，再盖一层细土至与畦面齐平。

（5）工程应用。玉竹具有保健作用，常作为药品栽种。

3.4.16 风毛菊 [*Saussurea japonica*（Thunb.）DC.]

（1）所属科属。风毛菊属于菊科风毛菊属，为二年生草本植物。

（2）形态特征。高 50～150cm，根倒圆锥状或纺锤形，黑褐色，生多数须根。茎直立，基部直径 1cm，通常无翼，花果期为 6—11 月。

（3）生长习性。生于草原带干河床、高山、沟边草甸、沟边路旁、灌丛中、河谷草甸、荒地、碱性草甸沟边、林缘、林中、流动沙丘、路边、砂质地、山谷石地、山坡、山坡草甸、山坡灌丛、山坡路边、山坡湿草甸、溪边。海拔 200～2800m。

（4）栽植方式。多采用播种、分株繁殖。

（5）工程应用。主要作为药物应用。

3.4.17 黄花蒿 (*Artemisia annua* Linn.)

（1）所属科属。黄花蒿为菊科蒿属，为一年生草本植物。

（2）形态特征。植株有浓烈的挥发性香气。根单生，垂直，狭纺锤形；茎单生，高100～200cm，基部直径可达 1cm，有纵棱，幼时绿色，后变褐色或红褐色，多分枝；瘦果小，椭圆状卵形，略扁，花果期为 8—11 月。

（3）生长习性。生境适应性强，常生长于气候温暖，地势向阳，排水良好，pH 值为6.0～7.5，疏松肥沃的砂质壤土或黏质壤土中的路旁、荒地、山坡、林缘等处。

（4）栽植方式。品种选择在野生状态下，选用株型好、叶片大、有特性、黄花蒿素含量高的植株作为种源抚育对象，以种子栽种。

（5）工程应用。主要作为药物应用。

3.4.18 龙须菜 (*Asparagus schoberioides* Kunth)

（1）所属科属。龙须菜属于百合科天门冬属，为多年生藤状攀援草本植物。

（2）形态特征。藻体直立，线形，圆柱状，多丛生在一个较平而大的鲜红色的盘状固着器上，高 30～50cm，最长可达 1m 或 1m 以上，及顶的主干较明显，径 0.5～2mm。

（3）生长习性。生于海拔 400～2300m 的草坡或林下，中国沿海地区和黑龙江、吉林、辽宁、河北、河南西部、山东、山西等地。

（4）栽植方式。主要采用筏式单养的栽培形式。

（5）工程应用。主要作为食物应用。

3.4.19 五叶地锦［*Parthenocissus quinquefolia*（L. ）Planch］

（1）所属科属。五叶地锦，别名爬墙虎，属于葡萄科爬山虎属，为木质藤本植物。

（2）形态特征。小枝圆柱形，无毛。卷须总状 5～9 分枝，相隔 2 节间断与叶对生，卷须顶端嫩时尖细卷曲，后遇附着物扩大成吸盘；花期为 6—7 月，果期为 8—10 月。五叶地锦具有丰富的季节特性。在春季发芽至秋初，叶色依次为嫩绿、翠绿、深绿，到了深秋季节，随着气温的降低叶子逐渐变为浅红、红色、深红。

（3）生长习性。五叶地锦适应性强，既耐寒（在我国东北地区可露地越冬），又耐热（在广东亦生长良好），且耐贫瘠、干旱、抗病虫害能力极强，即使在干旱瘠薄的环境下，每年只需浇水 1～2 遍，即可正常生长。同时它对碱性土质具有较强的适应性，在 pH 值为 8.5 的土壤环境下也能生长。

（4）栽植方式。五叶地锦可采用播种法、扦插法及压条法栽植。由于五叶地锦适应能力强，长势旺盛，成活率高达 95％以上，短期内就可达到郁蔽的效果，从第二年开始就可以利用本身的生长优势来抑制杂草的生长，从而降低除草的成本。因五叶地锦为多年生木质藤本植物，可生长 20 年以上，其生命周期相对于草本植物来说要长，同时由于五叶地锦扦插成活率高，不需要较高的技术，可以自行培育繁殖、种植，养护极为简便。

（5）工程应用。蔓茎纵横，密布气根，翠叶遍盖如屏，秋后入冬，叶色变红或黄，十分艳丽。是垂直绿化主要树种之一。适于配植宅院墙壁、围墙、庭园入口处、桥头石块等处。它对二氧化硫等有害气体有较强的抗性，也宜作工矿街坊的绿化材料。藤茎、根可药用。五叶地锦是垂直绿化、立体绿化以及地被应用的常见植物。

3.4.20 小根蒜（*Allium macrostemon* Bunge）

（1）所属科属。小根蒜属于百合科蒜属，为多年生草本植物。

（2）形态特征。鳞茎近球形，外被白色膜质鳞皮，果为蒴果。花期 5—8 月，果期 7—9 月。

（3）生长习性。生于耕地杂草中及山地较干燥处，喜凉爽气候条件，在夏季高温期休眠，冬季土壤冻结后小鳞茎在地下越冬。春秋季节生长旺盛。

（4）栽植方式。一般在 3 月中旬土壤解冻时，小根蒜就开始生长，它喜凉爽气候条件，夏季高温期就开始休眠，冬季土壤结冻后则以小鳞茎在地下越冬储根，春秋季节生长最旺，在气温 8～18℃，土壤潮湿，光照充足，肥沃的沙质壤土生长最适宜，一般 4 月中、下旬就可采集食用，在 10 月也可采收。

（5）工程应用。主要作为食物应用。

3.4.21 萹蓄（*Polygonum aviculare* L. ）

（1）所属科属。萹蓄，别名扁竹，属于蓼科蓼属，为一年生草本植物。

（2）形态特征。初夏于节间开淡红色或白色小花，入秋结子，嫩叶可入药。茎呈圆柱形而略扁，有分枝，长 15～40cm，直径 0.2～0.3cm。表面灰绿色或棕红色，有细密微突起的纵纹；节部稍膨大，有浅棕色膜质的托叶鞘，节间长约 3cm；质硬，易折断，断面髓部白色。叶互生，叶狭长似竹，近无柄或具短柄，叶片多脱落或皱缩、破碎，完整者展平后呈披针形，全缘，两面均呈棕绿色或灰绿色。无臭，味微苦。

（3）生长习性。产于全国各地。生于田边路、沟边湿地，海拔 10～4200m，对气候的适应性强，寒冷山区或温暖平坝都能生长。土壤以排水良好的砂质壤土较好，北温带广泛分布。

（4）栽植方式。用种子繁殖，春季播种，畦宽 1.5m，撒播或穴播均可。撒播每 1hm² 用种子 22.5kg。穴播行株距各约 23cm。每 1hm² 用种子 10.5kg。

（5）工程应用。主要作为药物应用。目前亦有研究将其作为饲料添加剂使用，用以提升饲料的品质。

3.4.22　地榆（*Sanguisorba officinalis* L.）

（1）所属科属。地榆，别名黄爪香、玉札、玉豉酸赭等，属于蔷薇科地榆属，为多年生草本植物。

（2）形态特征。高 30～120cm。根粗壮，多呈纺锤形，稀圆柱形，表面棕褐色或紫褐色，有纵皱及横裂纹，横切面黄白或紫红色，较平正；花果期为 7—10 月。

（3）生长习性。生于向阳山坡、灌丛，喜沙性土壤。地榆的生命力旺盛，对栽培条件要求不严格，其地下部耐寒，地上部又耐高温多雨，不择土壤，中国南北各地均能栽培。喜温暖湿润气候，耐寒，北方栽培幼龄植株冬季不需要覆盖防寒。生长季节 4—11 月，以 7 月、8 月生长最快。以富含腐殖质的砂壤土、壤土及黏壤土栽培为好。种子发芽率约 60%，如温度在 17～21℃，有足够的湿度，约 7 天左右出苗。当年播种的幼苗，仅形成叶簇，不开花结子。翌年 7 月开花，9 月中、下旬种子成熟。

（4）栽植方式。目前地榆主要采用种子繁殖和分根繁殖。

种子繁殖：春播或秋播均可，北方露地栽培，可从春季至夏末直播。秋播多在 8 月中、下旬，春播多在 3 月、4 月。条播，行距 45cm，开浅沟，将种子均匀撒入沟内，覆土 1cm 左右，1hm² 播种量约为 15～22.5kg。如遇土壤干旱需进行浇水，约 2 周出苗。在早春干旱地区，亦可采用育苗移栽方法。

分根繁殖：早春母株萌芽前，将上年的根全部挖出，然后分成 3～4 株不等，分别栽植。每穴 1 株，株距 35～45cm，行距 60cm。

（5）工程应用。地榆叶形美观，其紫红色穗状花序摇曳于翠叶之间，高贵典雅，可作花境背景或栽植于庭院、花园供观赏。同时因其具有良好的保健作用，也常作为药物及食物应用。

3.4.23　水芹（*Oenanthe javanica*）

（1）所属科属。水芹，别名水英、细本山芹菜、牛草、楚葵、刀芹、蜀芹、野芹菜等，属于伞形科水芹菜属，为多年水生宿根草本植物。

（2）形态特征。高 15～80cm，茎直立或基部匍匐。基生叶有柄，柄长达 10cm，基部有叶鞘；叶片轮廓三角形，1～3 回羽状分裂，末回裂片卵形至菱状披针形，长 2～5cm，宽 1～2cm，边缘有牙齿或圆齿状锯齿；茎上部叶无柄，裂片和基生叶的裂片相似，较小。

（3）生长习性。性喜凉爽，忌炎热干旱，25℃以下，母茎开始萌芽生长，15～20℃生长最快，5℃以下停止生长，能耐 −10℃低温；以生活在河沟、水田旁，以土质松软、土层深厚肥沃、富含有机质保肥保水力强的黏质土壤为宜；长日照有利匍匐茎生长和开花结实，短日照有利根出叶生长。

（4）栽植方式。8月中、下旬将种芹茎秆用稻草捆好，每捆扎2～3道，粗2～30cm。捆扎后将种茎横一层、竖一层，交叉地堆放在不见太阳的树阴下或屋后北墙根，上面盖上稻草或其他水草，没有自然条件的，可用遮阳网遮阴。保持湿润，防止发热。在凉爽、通气、湿润的情况下，约经7天左右，各节的叶腋长出1～2cm的嫩芽。同时生根。这样发芽、生根的种茎即可播种。

（5）工程应用。主要作为食物应用。

3.4.24 白车轴草（*Trifolium repens* L.）

（1）所属科属。白车轴草又名白三叶、白花三叶草、白三草、车轴草、荷兰翘摇等，属于豆科车轴菜属，为多年生草本植物。

（2）形态特征。生长期达5年，高10～30cm。主根短，侧根和须根发达，茎匍匐蔓生，上部稍上升，节上生根，全株无毛。掌状三出复叶；托叶卵状披针形，膜质，基部抱茎成鞘状，离生部分锐尖。

（3）生长习性。对土壤要求不高，尤其喜欢黏土耐酸性土壤，也可在砂质土中生长，pH值为5.5～7，甚至pH值为4.5也能生长，喜弱酸性土壤不耐盐碱，pH值为6～6.5时，对根瘤形成有利。白车轴草为长日照植物，不耐荫蔽，日照超过13.5h花数可以增多。白车轴草喜阳光充足的旷地，具有明显的向光性运动，即叶片能随天气和每天时间的变化以及光源入射的角度、位置而运动。具有一定的耐旱性，35℃左右的高温不会萎蔫，其生长的最适温度为16～24℃，喜光，在阳光充足的地方，生长繁茂，竞争能力强。白车轴草喜温暖湿润气候，不耐干旱和长期积水，最适宜生长在年降水量800～1200mm的地区，种子在1～5℃时开始萌发，最适温度为19～24℃，在积雪厚度达20cm、积雪时间长达1个月、气温在−15℃的条件下能安全越冬。在平均温度不低于35℃、短暂极端高温达39℃时也能安全越夏。

（4）栽植方式。主要采用种子播种。播前精细整地，在瘠薄土壤或未种过白车轴草的土地上，应施足底肥。春秋季节均可播种，干旱地区宜在雨季播种。播种量：10～12g/m²，播深不超过1cm。与黑麦草按1∶2的比例混播。可撒播也可条播，条播时行距15cm左右。播种宜浅不宜深，一般覆土0.5～1.5cm。苗期应适时清除杂草，以利白车轴草形成优势群体。水肥管理白车轴草属豆科植物，自身具有固氮能力，但苗期根瘤菌尚未生成需补充少量氮肥，待形成群体后则只需补磷、钾肥。苗期应保持土壤湿润，生长期如遇长期干旱也需适当浇水。刈割时留茬不低于5cm，以利于再生。割下的草可作为饲草，也可在株间覆盖提高土壤肥力。

（5）工程应用。白车轴草的侵占性和竞争能力较强，能够有效地抑制杂草生长，不用长期修剪，管理粗放且使用年限长，具有改善土壤及水土保湿作用，可用于园林、公园、高尔夫球场等绿化草坪的建植。

3.4.25 鼠掌老鹳草（*Geranium sibiricum* L.）

（1）所属科属。鼠掌老鹳草属于牻牛儿苗科老鹳草属，为一年生或多年生草本植物。

（2）形态特征。高30～70cm，根为直根，有时具不多的分枝。茎纤细，仰卧或近直立，多分枝，具棱槽，被倒向疏柔毛。叶对生；托叶披针形，棕褐色，长 8～12cm，先端渐尖，基部抱茎，外被倒向长柔毛；基生叶和茎下部叶具长柄，柄长为叶片的 2～3 倍；下部叶片为肾状五角形，基部宽心形，长 3～6cm，宽 4～8cm，掌状 5 深裂，裂片倒卵形、菱形或长椭圆形，中部以上齿状羽裂或齿状深缺刻，下部楔形，两面被疏伏毛，背面沿脉被毛较密；上部叶片具短柄，3～5 裂。总花梗丝状，单生于叶腋，长于叶，被倒向柔毛或伏毛，具 1 花或偶具 2 花；苞片对生，棕褐色、钻伏、膜质，生于花梗中部或基部；萼片卵状椭圆形或卵状披针形，长约 5mm，先端急尖，具短尖头，背面沿脉被疏柔毛；花瓣倒卵形，淡紫色或白色，等于或稍长于萼片，先端微凹或缺刻状，基部具短爪；花丝扩大成披针形，具缘毛；花柱不明显，分枝长约 1mm。蒴果长 15～18mm，被疏柔毛，果梗下垂。种子为肾状椭圆形，黑色，长约 2mm，宽约 1mm。

（3）生长习性。为中生草本，适应于冷凉潮湿的气候，土壤为壤质黑钙土、暗栗钙土，生于海拔 1500～2400m 的山地森林带、草甸草原和山地草甸带。在植物群落中作为主要伴生种出现，常见于早熟禾、天山羽衣草，无芒雀麦、紫花鸢尾等中生禾草和杂类草构成的不同山地草甸植被中。植物种类丰富，近 20 余种，草层高度 1m 左右，总盖度 60%～90%，鼠掌老鹳草常出现在草甸草原带阴湿的低地或溪边。

（4）栽植方式。目前尚未由人工引种栽培。

（5）工程应用。主要作为饲料、药物应用。

3.4.26 苣荬菜（*Sonchus arvensis* Linn.）

（1）所属科属。苣荬菜属于菊科荬菜属植物，为多年生草本植物。

（2）形态特征。全株有乳汁。茎直立，高 30～80cm。地下根状茎匍匐，多数须根著生。地上茎少分支，直立，平滑。多数叶互生，披针形或长圆状披针形。花期为 7 月至翌年 3 月，果期为 8—10 月至翌年 4 月。

（3）生长习性。生于路边、地旁、庭园等地。

（4）栽植方式。大棚栽培苦菜的播种适期为：春播在 1—2 月间在双层棚内播种，半个月出苗，两个月就可收获。露地播种在 4 月上中旬，秋播在 7 月下旬至 8 月中旬，用当年采收的新种子播种，播后 7～8 天即可出苗。一般播种量为 2～3g/m²。为利于苦菜的生长，要选择疏松肥沃的地块播种，播前深翻细耕，整地后施有机肥 4kg/m² 左右，然后按扣棚面积做畦，畦面上按 30cm 的行距开 2～3cm 深的小沟，种子条播在沟底，用细土将沟覆平，踩实后洒水。畦面上盖地膜保湿，秋播要在膜上加盖适量稻草，以防日晒、高温影响发芽。

（5）工程应用。主要作为食物应用。

3.4.27 野韭菜（*Allium japonicurn* Regel）

（1）所属科属。野韭菜属于百合科葱属草本植物。

（2）形态特征。叶基生，条形至宽条形，长 30～40cm，宽 1.5～2.5cm，绿色，具明显中脉，在叶背突起。夏秋抽出花薹，圆柱状或略呈三棱状，高 20～50cm，下部披叶鞘；总苞 2 裂，常早落；伞形花序顶生，近球形，多数花密集；小花梗纤细，近等长，8～20mm，基部无小苞片；花白色，花披针形至长三角状条形，内外轮等长，长 4～7mm，宽 1～2mm，先端渐尖或不等的浅裂。果实为蒴果，倒卵形。种子黑色。

（3）生长习性。海拔 2000m 以下的草原、山坡上均可生长。野韭菜喜在潮湿的山林、坡地生长，在低洼潮湿肥沃的田头、地边长势更旺。

（4）栽植方式。野韭菜用种子或分株繁殖。以分株繁殖为主，当植株具 3 分蘖以上时，可分株繁殖，一般可在春季进行。其他季节分株要注意遮阴保湿，可用遮阳网覆盖，并及时淋水。分株定植的株行距为（20～30）cm×30cm。野韭菜主要采收嫩叶，当植株大部分叶片长至正常大小时便应采收，采收应及时，以保证嫩叶质量。一般每隔 20～30 天采收 1 次，采收时在离地面 1～2cm 处的叶片基部割取。夏季可收获花薹，秋冬季收取根茎。为保持产品质量，提高产量，每季施用腐熟有机肥。

（5）工程应用。主要作为食物应用。

3.4.28　铁杆蒿（*Artemisia gmelinii*）

（1）所属科属。别名白莲蒿、万年蒿，为菊科蒿属植物，半灌木状草本植物。

（2）形态特征。半灌木状，高 30～100cm。茎直立，基部木质化，多分枝，暗紫红色，无毛或上部被短柔毛。茎下部叶在开花期枯萎；中部叶具柄，基部具假托叶，叶长卵形或长椭圆状卵形，长 3～14cm，宽 3～8cm。

（3）生长习性。抗旱力较强。结实数量很大，种子繁殖力很强，根蘖也很发达，从母株不断长出新枝条。具有一定耐寒性。铁杆蒿是适中温旱生半灌木，是干草原和草甸草原的重要组成植物。是中国温带森林草原地区主要植物，并可深入到落叶阔叶林地区的干旱坡地，是森林破坏后次生植物之一。主要分布于华北西部和西北部的低山丘陵，陕北白于山南麓，海拔高度 800～1600m。在新疆主要分布于北疆各山地的中山带，南疆也有分布。多处于草原带较湿润的地带，海拔高度为 1600～2000m。亚高山的撂荒地上也广为分布。铁杆蒿出现地区，多处于低山丘陵坡地，尤其是阳坡、半阳坡水分条件差，生境仍然干旱，土壤为灰褐土和淡灰褐土。在海拔较高处则出现在土层不厚的砂砾质土的阳坡上，土壤为栗钙土。铁杆蒿常与丛生禾草和杂类草形成群落，共建种有多种针茅铁杆蒿也是优势成分之一。在草甸草原中也常以亚建种出现。

（4）栽植方式。目前尚未由人工引种栽培。

（5）工程应用。主要作为药材应用。

3.4.29　泥胡菜〔*Hemistepta lyrata*（Bunge）Bunge〕

（1）所属科属。泥胡菜，又名猪兜菜，艾草，属于菊科泥胡菜属，为一年生草本植物。

（2）形态特征。高 30～100cm，茎单生，很少簇生，通常纤细，根圆锥形，肉质。茎直立，具纵沟纹，无毛或具白色蛛丝状毛。基生叶莲座状，具柄，倒披针形或倒披针状椭圆形，长 7～21cm，根提琴状羽状分裂，顶裂片三角形，较大，有时 3 裂，侧裂片 7～8 对，长椭圆状披针形，下面被白色蛛丝状毛；中部叶椭圆形，无柄，羽状分裂；上部叶条状披针形至条形。头状花序多数，有长梗；总苞于形，长 12～14mm，宽 18～22mm；总苞片 5～8 层，外层较短，卵形，中层椭圆形，内层条状披针形，各层总苞片背面先端下具一紫红色鸡冠状附片；花紫色。瘦果椭圆形，长 2.5mm，具 15 条纵肋；冠毛白色，2 列，羽毛状。花期为 5—6 月。

（3）生长习性。泥胡菜是一种野生牧草，生长于路旁荒地或水塘边，或在较湿润的丘陵、山谷、溪边和荒山草坡，我国分布甚广。泥胡菜具有喜湿、耐微碱的抗逆性和早春快速生长的特点，可缓解春季青饲料不足。

（4）栽植方式。泥胡菜是一种野生牧草，尚未见栽培报道。

（5）工程应用。主要作为牧草应用。

3.4.30　龙葵（*Solanum nigrum* L.）

（1）所属科属。龙葵属于茄科茄属，为一年生草本植物。

（2）形态特征。全草高 30～120cm；茎直立，多分枝；卵形或心形叶子互生，近全缘；夏季开白色小花，4～10 朵成聚伞花序；球形浆果，成熟后为黑紫色。

（3）生长习性。生长适宜温度为 22～30℃，开花结实期适宜温度为 15～20℃，此温度下结实率高。对土壤要求不严，在有机质丰富，保水、保肥力强的壤土上生长良好，缺乏有机质，通气不良的黏质土上，根系发育不良，植株长势弱，商品性差，适宜 pH 值为5.5～6.5 的土壤。夏秋季高温高湿露地生长困难，冬春季露地种植，植株长势慢，嫩梢易纤维老化，商品性差，所以为满足市场需求，一年四季都可在保护地内栽培。

（4）栽植方式。培育壮苗选择肥沃、疏松、易排灌，前茬未种过茄果类蔬菜的地块作苗床，深耕细耙，做成宽 1m，高 15cm 的育苗畦。播种前先把苗床浇透水，将种子掺细沙拌均匀，进行撒播，适当稀播以利于培育壮苗，播种后覆土 0.5cm，然后在畦面上覆盖稻草或麦秆，以保持土壤湿润利于出苗，浇透水，5～7 天出苗后揭去稻草或麦秆。

（5）工程应用。主要作为药物应用。

3.4.31　益母草［*Leonurus artemisia*（Laur.）S. Y. Hu F］

（1）所属科属。益母草，又名蓷、茺蔚、坤草、九重楼、云母草、森蒂，属于唇形科益母草属，为一年或二年生草本植物。

（2）形态特征。有于其上密生须根的主根。茎直立，通常高 30～120cm，钝四棱形，微具槽，有倒向糙伏毛。

（3）生长习性。益母草喜温暖湿润气候，喜阳光，对土壤要求不严，一般土壤和荒山坡地均可种植，以较肥沃的土壤为佳，需要充足水分条件，但不宜积水，怕涝。生长于多种环境，海拔可高达 3400m。野荒地、路旁、田埂、山坡草地、河边，以向阳处为多。

（4）栽植方式。播种前整地，每亩施堆肥或保得生物有机肥 150～200kg 做底肥，施后耕翻，耙细整平。条播者整 130cm 宽的高畦，穴播者可不整畦，但均要根据地势，因地制宜地开好大小排水沟。益母草分早熟益母草和冬性益母草，一般均采用种子繁殖，以直播方法种植，育苗移栽者亦有，但产量较低，仅为直播的 60%，故多不采用。播种期因品种习性不同而异，冬性益母草，必须秋播种均可开花结果。播种按行距 27cm，穴距20cm，深 3～5cm，开浅穴播种。早熟益母草秋播、春播、夏播均可，冬性益母草必须秋播。春播以雨水至惊蛰期间（2 月下旬至 3 月上旬）为宜；北方为利用夏季休闲地种植，采用夏播，在芒种收麦以后种植，产量不高；低温地区多采取秋播，以秋分至寒露期间（9 月下旬至 10 月上旬）土壤湿润时最好。秋播播种期的选择，直接关系到产品的产量和质量。过早，易受蚜虫侵害；过迟，则受气温低和土壤干燥等影响，当年不能发芽，翌年春分至清明才能发芽，且发芽不整、不齐，多不能抽薹开花。

（5）工程应用。主要作为药物应用。

3.4.32　兴安升麻［*Cimicifuga dahurica*（Turcz.）Maxim.］

（1）所属科属。兴安升麻属于毛茛科升麻属，为多年生草本植物。

（2）形态特征。雌雄异株，根状茎粗壮，多弯曲，表面黑色，有许多下陷圆洞状的老茎残基。茎高达 1m 余，微有纵槽，无毛或微被毛。下部茎生叶为二回或三回三出复叶；叶片三角形，宽达 22cm，顶生小叶宽菱形。7—8 月开花，8—9 月结果。

（3）生长习性。生于海拔 300～1200m 间的山地林缘灌丛以及山坡疏林或草地中。在苏联西伯利亚东部和远东地区以及蒙古也有分布。

（4）栽植方式。用种子繁殖。种子采收后室内干燥贮存 2 个月，发芽率 10% 以下，贮存 1 年后多数不能发芽。采种后，将种子进行湿砂层积低温（−5℃）处理 2 个月，可以提高发芽率。播种育苗春、秋两季均可。秋播在 10 月中旬至 11 月上旬；春播则在 4 月中旬至 5 月上旬。按行株距 20cm×25cm 顺畦开沟，将种子均匀播入沟内，覆土，稍加镇压。育苗期注意浇水、除草、追肥、遮阴。育苗 1 年，在秋季地上部枯萎后或春季返青前移栽，按行距 40～50cm，株距 25～30cm 开穴，定植于大田，栽后浇 1 次透水。

（5）工程应用。主要作为药物应用。

3.4.33　泽泻（*Alisma plantago-aquatica* Linn.）

（1）所属科属。泽泻属于泽泻科泽泻属，为多年生挺水或沼生草本植物。

（2）形态特征。具地下球茎，无明显地上茎。叶全部基生，叶柄长 5～50cm，基部鞘状，叶片长椭圆形或宽卵形，基部心形、近圆形或楔形，全缘。花序梗直立，伞形花序，再集成大型圆锥花序，外轮花被片 3 枚，萼片状，内轮花被片 3 枚，花瓣状，白色，雄蕊 6 枚，心皮多数，花柱弯曲。果实为瘦果，两侧扁，背部有 1～2 条浅沟，花柱宿存。

（3）生长习性。较为耐寒，在我国各地均有分布，花期为 5—9 月。哈尔滨地区常见于湖畔、河畔、沟边、沼泽等地。

（4）栽植方式。可种子繁殖、分芽繁殖或块茎繁殖。种子培育是将经过选择的种株挖出，用分芽繁殖或块茎繁殖另行栽培，收得成熟种子。

（5）工程应用。泽泻花较大，花期较长，是一种优良的园林景观植物。

3.4.34　再力花（*Thalia dealbata* Fraser）

（1）所属科属。再力花属于竹芋科再力花属，为多年生挺水草本植物。

（2）形态特征。植株高 120～200cm。具根茎；无明显地上茎。叶基生，具长柄，叶片卵状披针形，常带浅灰色，叶片连叶柄均具白粉。花序梗基生，直立，被白粉；复总状花序，花常密集；退化雄蕊花瓣状，堇紫色，下面 1 枚较大，兜状，边缘波状皱褶。蒴果，卵形。花期为 5—9 月。

（3）生长习性。再力花属于喜热忌冷寒植物，在我国长江流域及以南地区可自然露天过冬；在北方过冬需采取保温措施。适宜浅水和沼泽地生长，不耐旱。在长江流域 4 月根茎开始萌发。花期为 6—9 月，11 月后开始叶枯并进入休眠期。

（4）栽植方式。以分株繁殖为主，4—9 月均可进行，时间越早越好。也可播种繁殖。

（5）工程应用。再力花属于近年从国外引进的新型湿地植物，植株高大挺拔，花枝高，伸出叶丛，属观花植物，短时间内就已发展成为我国重要的水生观赏植物。再力花生长强健，根系发达，去污、耐污能力强，也是碎石基质人工湿地常用的植物之一。

3.4.35　野豌豆（*Vicia sepium* L.）

（1）所属科属。野豌豆属于野豆科豌豆属，为多年生草本植物。

（2）形态特征。高 30～100cm。根茎匍匐，茎柔细斜升或攀援，具棱，疏被柔毛。偶数羽状复叶长 7～12cm，叶轴顶端卷须发达；花期为 6 月，果期为 7—8 月。

（3）生长习性。生于海拔 1000～2200m 山坡、林缘草丛。俄罗斯、朝鲜、日本也有。模式标本采自欧洲。多生于中国北方气候温暖地区，分布极为广泛，生长环境各式各样，无论平原、高山、荒漠、森林、草原直至水域，几乎都可见到豆科植物的踪迹。

（4）栽植方式。野豌豆宜秋季早播，由于当时温度较高（17～19℃），出苗快，能充分利用越冬前的有效积温，早扎根、多分枝，幼苗生长健壮，抗寒力强，适宜播种期应在8 月底至 9 月底，最迟不超过 10 月底。

（5）工程应用。作为牧草，亦用于蔬菜。种子含油，叶及花果药用有清热、消炎、解毒之效。植株秀美、花色艳丽，可作观赏花卉。

3.4.36 狗尾草 [*Setaria viridis*（L.）Beauv.]

（1）所属科属。狗尾草属于禾本科狗尾草属，一年生草本植物。

（2）形态特征。根为须状，高大植株具支持根。秆直立或基部膝曲，高 10～100cm，基部径达 3～7mm。叶鞘松弛，无毛或疏具柔毛或疣毛。

（3）生长习性。生于海拔 4000m 以下的荒野、道旁，为旱地作物常见的一种杂草。狗尾巴草种子发芽适宜温度为 15～30℃。种子借风、灌溉浇水及收获物进行传播。种子经越冬休眠后萌发。适生性强，耐旱耐贫瘠，酸性或碱性土壤均可生长。生于农田、路边、荒地。

（4）栽植方式。用种子繁殖。种子发芽适宜温度为 15～30℃。种子出土适宜深度为2～5cm，土壤深层未发芽的种子可存活 10 年以上。中国北方 4～5 月出苗，以后随浇水或降雨还会出现出苗高峰；6—9 月为花果期。一株可结数千至上万粒种子。

（5）工程应用。主要作为牧草应用。

3.4.37 抱茎苦荬菜 [*Ixeridium sonchifolium*（Maxim.）Shih]

（1）所属科属。抱茎苦荬菜，别名苦碟子、黄瓜菜、苦荬菜，属于菊科苦荬菜属，为多年生草本植物。

（2）形态特征。具白色乳汁，光滑。根细圆锥状，长约 10cm，淡黄色。茎高 30～60cm，上部多分枝。基部叶具短柄，倒长圆形，先端钝圆或急尖，基部楔形下延，边缘具齿或不整齐羽状深裂，叶脉羽状；中部叶无柄，中下部叶线状披针形，上部叶卵状长圆形，长 3～6cm，宽 0.6～2cm，先端渐狭成长尾尖，基部变宽成耳形抱茎，全缘，具齿或羽状深裂。头状花序组成伞房状圆锥花序；总花序梗纤细，长 0.5～1.2cm；花期为 4—5月，果期为 5—6 月。

（3）生长习性。抱茎苦荬菜是中生性阔叶杂类草，适应性较强，为广布性植物。花及疏林下，一般出现于荒野、路边、田间地头，常见于麦田。

（4）栽植方式。在播种前将种子浸泡在初始温度为 40～45℃的温水中，经过 2h 后捞出种子再控净水。7 月下旬至 8 月中旬播种，可采用条播或撒播；苗期管理：浇水、间苗、定苗、虫害的防治、追肥；采收时间为 7 月中下旬，采收后扎捆支在一起晾晒，当含水量降至 13％～15％时，即可贮藏。

（5）工程应用。主要作为饲料及药物应用。

3.4.38 大叶藻 (*Zostera marina*)

(1) 所属科属。大叶藻属于眼子菜科大叶藻属，为多年生沉水草本植物。

(2) 形态特征。根茎匍匐，直径 2～4mm，节间伸长，每节生有 1 枚先出叶和多数须根。果实椭圆形至长圆形，长约 4mm，具喙；外果皮褐色，干膜质至近革质，具纵纹。种子暗褐色，具清晰的纵肋。花果期为 3—7 月。

(3) 生长习性。生于中潮带，成大片的单种群落。

(4) 栽植方式。栽培技术用分株繁殖法。春季将老植株挖起，分成数蔸，每蔸有地上茎 2～3 根，按行株距 30cm×20cm 开穴，每穴栽 1 蔸。田间管理栽活后勤拔除杂草，一般不施肥。天旱时注意灌水。

(5) 工程应用。主要作为药物应用。

3.4.39 芦苇 (*Phragmites communis*)

(1) 所属科属。芦苇属于禾本科芦苇属，为多年生挺水或湿生草本植物。

(2) 形态特征。高 80～300cm。具粗壮根状茎；杆直立，节下被腊粉。叶片披针状线形，无毛，顶端长渐尖成丝形。圆锥花序，大型，微垂头，分支多数，斜向上或微伸展。颖果，长圆形，长约 1.5mm。花期为 6—9 月。

(3) 生长习性。芦苇耐寒性极强，在南北各地均可自然露天过冬。适宜湿生地或浅水生长，耐旱性强。在长江流域 4 月开始萌发新芽。花期为 8—10 月，11 月后开始叶枯进入休眠期。哈尔滨地区见于河畔、湖畔、沟边、沼泽以及河流、湖泊、池塘、水沟中。

(4) 栽植方式。以分株繁殖为主，也可播种繁殖。分株繁殖在 4—9 月均可进行，时间越早越好；很少使用种子繁殖，因经过种子发芽、开花、完全成型，至少需要两年以上时间。

(5) 工程应用。芦苇茎秆挺直而坚实，叶片飘逸，在水景中有较为广泛的应用，其植株高大、根系发达，不仅是表面流生态湿地的重要应用品种，也是碎石基质人工湿地的主要应用品种之一。

3.4.40 美人蕉 (*Canna indica* L.)

(1) 所属科属。美人蕉属于美人蕉科美人蕉属，为多年生湿生或陆生草本植物。

(2) 形态特征。植株高 80～150cm。地下具肥壮多节的根状茎，地上假茎直立，无分支，全株被白霜。叶大型，互生，长椭圆形，边缘带紫色；叶柄鞘状。总状花序，顶生，花常多朵簇生在一起；萼片 3 枚，绿色较小；花瓣 3 枚，萼片状；退化雄蕊 4 枚，花瓣状，颜色丰富，常见红色、橙色、亮黄色，有时具复色斑纹。蒴果，椭圆形，外被软刺。

(3) 生长习性。美人蕉耐寒性一般，在我国长江流域及以南地区可自然露天过冬；在北方过冬需采取保温措施，或将球茎挖起贮藏。适宜湿生地环境，在生长期可浅水生长，耐旱性极强，也是陆生植物。在长江流域 4 月根茎开始萌发，花期为 6—10 月，11 月后开始叶枯进入休眠期。哈尔滨地区常见于湖畔、河畔，以及河流、湖泊、池塘浅水处。

(4) 栽植方式。可播种、分株繁殖。以分株繁殖为主，在长江流域 4—9 月均可进行，时间越早越好，哈尔滨地区栽植视气温而定，可略晚于此时间。

(5) 工程应用。美人蕉植株高大，叶片肥大，花色艳丽，花期长，植株高 80～

150cm，是优良的观花植物，近年来出现了众多不同夜色、花色的新品种，更是强化了美人蕉在园林景观上的应用地位。美人蕉适应性广，且根系发达、去污能力强，是各类水生态修复、生态浮岛、人工湿地等项目上的常用品种之一。

3.4.41　千屈菜（*Lythrum salicaria* L.）

（1）所属科属。千屈菜属于千屈菜科千屈菜属，为多年生挺水或湿生草本植物。

（2）形态特征。植株高 60～120cm。茎直立，多分枝，具 4 棱或 6 棱，被白色柔毛或变无毛。叶对生或 3 枚轮生，狭披针形，无柄，有时基部略抱茎。总状花序顶生，数朵簇生与叶状苞片腋内，具短梗；花萼筒状，萼齿 6 枚；花瓣 6 枚，紫红色；雄蕊 12 枚，6 长 6 短，排成 2 轮。蒴果，包于萼内。

（3）生长习性。千屈菜耐严寒，在我国南北各地均可自然露天过冬。适宜潜水和湿生地生长，地下茎具有木质根状，较耐旱，可旱地栽培。在长江流域 4 月根茎开始萌发。花期为 6—9 月，11 月后开始叶枯进入休眠期。哈尔滨地区常见于湖畔、河畔、沟边、湿草地。

（4）栽植方式。常用扦插繁殖，也可用分株或播种繁殖。用扦插的方式繁殖，生长快周期短，在初夏和秋天进行，避开盛夏高温时间。

（5）工程应用。千屈菜枝条繁密，花多且密，花色艳丽，花期长，花紫红色，株高 1～1.5m，在我国已被广泛应用于各类水景中。千屈菜在表面六胜肽湿地中也常有应用，在碎石基质人工湿地和生态浮岛中长势较差。

3.4.42　山野豌豆（*Vicia amoena* Fisch. ex DC.）

（1）所属科属。别名落豆秧、山黑豆、透骨草，属于豆科、野豌豆属，为多年生草本植物。

（2）形态特征。高 30～100cm，植株被疏柔毛，稀近无毛。主根粗壮，须根发达。茎具棱，多分枝，细软，斜升或攀援。偶数羽状复叶，长 5～12cm，几无柄，顶端卷须有 2～3 分支；荚果长圆形，长 1.8～2.8cm，宽 0.4～0.6cm。两端渐尖，无毛。种子 1～6 枚，圆形，直径 0.35～0.4cm；种皮革质，深褐色，具花斑；种脐内凹，黄褐色，长约种子周长的 1/3。花期为 4—6 月，果期为 7—10 月。

（3）生长习性。生于海拔 80～7500m 的草甸、山坡、灌丛或杂木林中。

（4）栽植方式。山野豌豆的适应性强，播种期从 3—10 月均可。但在北方草原区，春旱少雨以雨季播种为好，保苗率高，由于山野豌豆苗期生长慢，可以和一年生燕麦等间作，即保证了当年的收入，又保护了山野豌豆不受其他杂草的危害。

（5）工程应用。人工草地可以和老芒麦、无芒雀麦、披碱草、扁穗冰草等多年生禾草混播，不仅能提高牧草品质，增加禾本科牧草的氮素来源，也使细长的茎蔓有所依附，减少地面郁闭，防止下部叶片脱落，从而提高山野豌豆的产量。山野豌豆的种子产量不高，结实不集中，成熟后易炸荚，一般应在荚果变黄后及时采收。

3.4.43　大油芒（*Spodiopogon sibiricus* Trin.）

（1）所属科属。大油芒属于禾本科大油芒属，为多年生草本植物。

（2）形态特征。秆高 90～110cm，通常不分枝。叶片阔条形，宽 6～14mm。圆锥花序长 15～20cm；总状花序 2～4 节，生于细长的枝端，穗轴逐节断落，节间及小穗柄呈棒状；小穗成对，一有柄，一无柄，均结实且同形，多少呈圆筒形，长5～5.5mm，含2朵小花，仅第2朵小花结实；第一颖遍布柔毛，顶部两侧有不明显的脊；芒自第二外稃二深裂齿间伸出，中部膝曲。长有7～9个节。

（3）生长习性。喜生于向阳的石质山坡或干燥的沟谷底部，在东北草原的一些类型中也有分布。生长迅速，特别在向阳坡或草甸草原，可以形成小片单种群落，也散生在固定沙丘上。在森林区的阳坡，森林破坏和撂荒后可以大量生长，成为植被演替的一个阶段——根茎禾草阶段。对土壤要求不严，在干旱贫瘠的土壤上也可以生长良好，耐盐碱性差。

（4）栽植方式。尚无人工栽培报道。

（5）工程应用。主要作为饲料应用。

3.4.44　黄花鸢尾（*Iris wilsonii* C. H. Wright）

（1）所属科属。黄花鸢尾属于鸢尾科鸢尾属，为多年生挺水或湿生草本植物。

（2）形态特征。高40～70cm。植株基部有少量老叶残留的纤维，根状茎粗壮；无明显地上茎。基生叶，灰绿色，宽剑形，顶端渐尖，基部鞘状，中脉较明显。花序梗粗壮，有明显的纵棱；苞片3～4枚；花黄色，花被片下部合生成管，上部裂片6枚，外轮3枚，卵圆形或倒卵形，有黑褐色条纹，内轮3枚，直立；雄蕊3枚；花柱分枝3裂，淡黄色，花瓣状。蒴果，长卵形，略具棱。

（3）生长习性。黄花鸢尾耐寒性极强，在我国南方地区全年常绿，在中东部的冬季半常绿。适宜在0.1m左右深的浅水中生长，也具有较强的耐旱性，可旱生，宜疏松、肥沃和排水良好的含石灰质土壤。花期为5—6月。哈尔滨地区常见于湖畔、河畔以及河流、湖泊、池塘浅水处。

（4）栽植方式。有播种和分株繁殖两种方式，在工程应用上以分株繁殖为主；在苗圃生产上，播种和分株两种方式均可采用。

（5）工程应用。水生鸢尾类植物叶片翠绿，剑形挺立，花色鲜艳，属于景观效果优良的水生花卉。黄花鸢尾在碎石基质人工湿地和生态浮岛中也常用到，是少有的冬季常绿或半常绿水生植物之一。

3.4.45　德国鸢尾（*Iris germanica* L.）

（1）所属科属。德国鸢尾属于鸢尾科鸢尾属，为多年生挺水或湿生草本植物。

（2）形态特征。根状茎粗壮而肥厚，常分枝，扁圆形，斜伸，具环纹，黄褐色；须根肉质，黄白色。叶直立或略弯曲，淡绿色、灰绿色或深绿色，常具白粉，剑形，长20～50cm，宽2～4cm，顶端渐尖，基部鞘状，常带红褐色，无明显的中脉。花茎光滑，黄绿色，高60～100cm，上部有1～3个侧枝，中、下部有1～3枚茎生叶；苞片3枚，草质，绿色，边缘膜质，有时略带红紫色，卵圆形或宽卵形，长2～5cm，宽2～3cm，内包含有1～2朵花；花大，鲜艳，直径可达12cm；花色因栽培品种而异，多为淡紫色、蓝紫色、深紫色或白色，有香味；花被管喇叭形，长约2cm，外花被裂片椭圆形或倒卵形，长6～7.5cm，宽4～4.5cm，顶端下垂，爪部狭楔形，中脉上密生黄色的须毛状附属物，内花被裂片倒卵形或圆形，长、宽各约5cm，直立，顶端向内拱曲，中脉宽，并向外隆起，爪部狭楔形；雄蕊长2.5～2.8cm，花药乳白色；花柱分枝淡蓝色、蓝紫色或白色，长约5cm，宽约 1.8cm，顶端裂片宽三角形或半圆形，有锯齿，子房纺锤形，长约 3cm，直径约 5mm。蒴果三棱状圆柱形，长 4～5cm，顶端钝，无喙，成熟时自顶端向下开裂为 3 瓣；种子梨形，黄棕色，表面有皱纹，顶端生有黄白色的附属物。

（3）生长习性。德国鸢尾耐寒性极强，在我国南方地区全年常绿，在中东部的冬季半常绿。适宜在 0.1m 左右深的浅水中生长，也具有较强的耐旱性，可旱生，宜疏松、肥沃和排水良好的含石灰质土壤。花期为 5—6 月。

（4）栽植方式。有播种和分株繁殖两种方式，在工程应用上以分株繁殖为主；在苗圃生产上，播种和分株两种方式均可采用。

（5）工程应用。水生鸢尾类植物叶片翠绿，剑形挺立，花色鲜艳，属于景观效果优良的水生花卉，是庭园布置和切花生产的重要花卉之一，既可供小面积花坛布置及花境、花丛栽植，又因其花姿优美、色彩鲜艳、花茎挺拔，常可通过促成栽培供切花之用，还可水养观赏。德国鸢尾在碎石基质人工湿地和生态浮岛中也常用到，是少有的冬季常绿或半常绿水生植物之一。

3.4.46　水葱 （*Scirpus validus* Vahl）

（1）所属科属。水葱属于莎草科藨草属，为多年生挺水草本植物。

（2）形态特征。匍匐根状茎粗壮，具许多须根。秆高大，圆柱状，高 1～2m，平滑，基部具 3～4 个叶鞘，鞘长可达 38cm，管状，膜质，最上面一个叶鞘具叶片。叶片线形，长 1.5cm。苞片 1 枚，直立，钻状，常短于花序，极少数稍长于花序；长侧枝聚伞花序简单或复出，假侧生，具 4～13 个或更多个辐射枝；辐射枝长可达 5cm，一面凸，一面凹，边缘有锯齿；小穗单生或 2～3 个簇生于辐射枝顶端，卵形或长圆形，顶端急尖或钝圆，长 5～10mm，宽 2～3.5mm，具多数花；鳞片椭圆形或宽卵形，顶端稍凹，具短尖，膜质，长约 3mm，棕色或紫褐色，有时基部色淡，背面有铁锈色突起小点，脉 1 条，边缘具缘毛；下位刚毛 6 条，等长于小坚果，红棕色，有倒刺；雄蕊 3 个，花药线形，药隔突出；花柱中等长，柱头 2 个或 3 个，长于花柱。小坚果倒卵形或椭圆形，双凸状，少有三棱形，长约 2mm。

（3）生长习性。喜凉爽，耐寒，喜光而耐阴。需通风良好，喜生于浅水或湿地。对土壤要求不严，但以在肥沃土壤中生长最茂盛。生长适温为 15～25℃。水葱耐寒性极强，在我国南北地区均可安全露天过冬。适宜浅水生长，不耐旱。在长江流域 3 月开始萌发新芽。花期为 5—9 月，11 月后开始叶枯进入休眠期。

（4）栽植方式。以分株繁殖为主，也可播种繁殖，分株繁殖在 4—9 月进行，时间越早越好。培土土质以壤土或腐殖质土为佳。苗株定植后淹水约 10～15cm，水池美化可先盆栽，再放入池水中，水淹 10～15cm。栽培处日照需充足，施肥时用豆饼或油柏，压埋土中。夏季池水不可干涸。

（5）工程应用。水葱株型奇特，茎秆圆柱形，通直无叶，是重要的用于构建景观及图形的水生植物，同时由于其良好的水质净化能力也经常应用于生态浮岛和碎石基质人工湿地中。其中的花叶水葱株丛挺立，色泽美丽奇特，飘洒俊逸，观赏价值尤胜于绿叶水葱。花叶水葱茎秆直立，圆柱形，有白色环状带，最适宜作为湖、池水景点。花叶水葱不仅是上好的水景花卉，而且可以盆栽观赏，剪取茎秆可用作插花材料。

3.4.47 菖蒲 (*Acorus calamus* L.)

（1）所属科属。菖蒲属于天南星科菖蒲属，为多年生挺水草本植物。

（2）形态特征。高50～80cm。根状茎粗壮，匍匐，肉质，芳香；无明显地上茎。叶剑形，具明显突起的中脉，基部叶鞘套折，边缘膜质。花序梗基出，短于叶片，稍压扁；花被片6枚，黄绿色；雄蕊6枚，花药淡黄色。浆果，紧密靠合聚集，成熟时红色。

（3）生长习性。菖蒲耐寒性极强，在我国南北地区均可自然露天过冬。适宜在0.1m左右深的浅水中生长，可适应短期干旱。在长江流域3月下旬根茎开始萌发。花期为6—9月，10月后开始叶枯进入休眠期。哈尔滨地区常见于河畔、湖畔、沟边、沼泽、湿草地。

（4）栽植方式。可以播种、分株繁殖。实践应用上以分株繁殖为主，在长江流域4—10月均可进行，时间越早越好。种子繁殖：将收集到成熟红色的浆果清洗干净，在室内进行秋播，保持潮湿的土壤或浅水，在20℃左右的条件下，早春会陆续发芽，后进行分离培养，待苗生长健壮时，可移栽定植。分株繁殖：在早春（清明前后）或生长期内进行用铁锹将地下茎挖出，洗干净，去除老根、茎及枯叶、茎，再用快刀将地下茎切成若干块状，每块保留3～4个新芽，进行繁殖。在生长期进行分栽，将植株连根挖起，洗净，去掉2/3的根，再分成块状，在分株时要保持好嫩叶及芽、新生根。

（5）工程应用。菖蒲叶丛翠绿，端庄秀丽，具有香气，适宜水景岸边及水体绿化。也可盆栽观赏或作布景用。叶、花序还可以作插花材料。全株芳香，可作香料或驱蚊虫；茎、叶可入药。菖蒲是园林绿化中常用的水生植物，其丰富的品种，较高的观赏价值，在园林绿化中得以充分应用。多年生挺水草本；叶剑形，浓绿色。适应性强，具有较强的耐寒性。园林应用：尾叶片绿色光亮，花艳丽，病虫害少，栽培管理简便。园林上丛植于湖、塘岸边，或点缀于庭园水景和临水假山一隅，有良好的观赏价值。

3.4.48 香蒲 (*Typha orientalis* Presl)

（1）所属科属。香蒲属于香蒲科香蒲属，为多年生挺水草本植物。

（2）形态特征。高100～200cm。地下根状茎粗壮，有节；茎直立，不分枝。叶互生，条形，全缘，无叶柄；基部鞘状，抱茎。雌雄异花，同株；穗状花序圆柱形，顶生，雌雄花同在一花序中，雄花位于花序上部，雌花位于花序下部，雌雄花序彼此连接，具长花序梗；雄花黄绿色，雌花褐色。小坚果，长圆形，聚集为棒状。

（3）生长习性。香蒲耐寒性极强，在我国南北地区均可自然露天过冬。适宜在浅水和沼泽地生长，不耐旱。在长江流域4月根茎开始萌发。花果期为6—9月，10月后开始叶枯进入休眠期。哈尔滨地区常见于湖畔、河畔、沟边、沼泽以及湖泊、河流、水沟浅水处。

（4）栽植方式。以分株繁殖为主，分株可在初春把老株挖起，用快刀切成若干丛，每丛带若干个小芽作为繁殖材料。盆栽或露地种植。一般3～5年要重新种植，防止根系老化，发棵不旺。在长江流域4—9月均可进行，时间越早越好。

（5）工程应用。香蒲叶绿穗奇常用于点缀园林水池、湖畔，构筑水景。宜做水景背景材料。也可盆栽布置庭院。蒲棒常用于切花材料。全株是造纸的好原料。叶称蒲草可用于编织，花粉可入药称蒲黄。蒲棒蘸油或不蘸油用以照明，雌花序上的毛称蒲绒，常可作枕絮。嫩芽称蒲菜，其味鲜美，可食用，为有名的水生蔬菜。

3.4.49 雨久花（*Monochoria korsakowii*）

（1）所属科属。雨久花属于雨久花科雨久花属，为一年生挺水草本植物。

（2）形态特征。根状茎粗壮，具柔软须根。茎直立，高 30～70cm，全株光滑无毛，基部有时带紫红色。叶基生和茎生；基生叶宽卵状心形，长 4～10cm，宽 3～8cm，顶端急尖或渐尖，基部心形，全缘，具多数弧状脉；叶柄长达 30cm，有时膨大成囊状；茎生叶叶柄渐短，基部增大成鞘，抱茎。总状花序顶生，有时再聚成圆锥花序；花 10 余朵，具 5～10mm 长的花梗；花被片椭圆形，长 10～14mm，顶端圆钝，蓝色；雄蕊 6 枚，其中 1 枚较大，花瓣长圆形，浅蓝色，其余各枚较小，花药黄色，花丝丝状。蒴果长卵圆形，长 10～12mm。种子长圆形，长约 1.5mm，有纵棱。

（3）生长习性。雨久花生性强健，耐寒性强。花期为 7—8 月，果期为 9—10 月。哈尔滨地区常见于沼泽地、水沟及池塘的边缘。

（4）栽植方式。有播种和分株繁殖两种方式，播种常在 9 月下旬以后进行秋播，分株常在早春土壤解冻后进行。

（5）工程应用。雨久花，花大而美丽，在园林水景布置中常与其他水生花卉观赏植物搭配使用，是一种极美丽的水生花卉。单独成片种植效果也好，沿着池边、水体的边缘按照园林水景的要求可作带形或方形栽种。

3.4.50 稗草［*Echinochloa crusgalli*（L.）Beauv.］

（1）所属科属。稗草属于禾本科稗属，为一年生挺水草本植物。

（2）形态特征。一年生草本。稗子和稻子外形极为相似。秆直立，基部倾斜或膝曲，光滑无毛。叶鞘松弛，下部者长于节间，上部者短于节间；无叶舌；叶片无毛。圆锥花序主轴具角棱，粗糙；小穗密集于穗轴的一侧，具极短柄或近无柄；第一颖三角形，基部包卷小穗，长为小穗的 1/3～1/2，具 5 脉，被短硬毛或硬刺疣毛，第二颖先端具小尖头，具 5 脉，脉上具刺状硬毛，脉间被短硬毛；第一外稃草质，上部具 7 脉，先端延伸成一粗壮芒，内稃与外稃等长。形状似稻但叶片毛涩，颜色较浅。

（3）生长习性。稗草长在稻田里、沼泽、沟渠旁、低洼荒地。

（4）地理分布。全国各地均有分布。

（5）应用价值。稗草适应性强，生长茂盛，品质良好，饲草及种子产量均高。

3.4.51 问荆（*Equisetum arvense* L.）

（1）所属科属。问荆属于木贼科木贼属，为多年生挺水草本植物。

（2）形态特征。根茎斜升，直立和横走，黑棕色，节和根密生黄棕色长毛或光滑无毛。地上枝当年枯萎。枝二型。能育枝春季先萌发，高 5～35cm，中部直径 3～5mm，节间长 2～6cm，黄棕色，无轮茎分枝，脊不明显，要密纵沟；鞘筒栗棕色或淡黄色，长约 0.8cm，鞘齿 9～12 枚，栗棕色，长 4～7mm，狭三角形，鞘背仅上部有一浅纵沟，孢子散后能育枝枯萎。不育枝后萌发，高达 40cm，主枝中部直径 1.5～3mm，节间长 2～3cm，绿色，轮生分枝多，主枝中部以下有分枝。

（3）生长习性。生于溪边或阴谷，海拔 0～3700m。常见于河道沟渠旁、疏林、荒野和路边，潮湿的草地、沙土地、耕地、山坡及草甸等处。

（4）地理分布。全国各地均有分布。

（5）应用价值。可入药。

3.4.52 月见草（*Oenothera biennis* L.）

（1）所属科属。月见草属于柳叶菜科月见草属，为多年生挺水草本植物。

（2）形态特征。直立二年生草本，基生莲座叶丛紧贴地面；茎高50～200cm，不分枝或分枝。基生叶倒披针形，长10～25cm，宽2～4.5cm，先端锐尖，基部楔形，边缘疏生不整齐的浅钝齿，侧脉每侧12～15条，两面被曲柔毛与长毛。茎生叶椭圆形至倒披针形，长7～20cm，宽1～5cm，先端锐尖至短渐尖，基部楔形。花序穗状，不分枝，或在主序下面具次级侧生花序；花瓣黄色，稀少呈淡黄色，宽倒卵形，长2.5～3cm，宽2～2.8cm，先端微凹缺。蒴果锥状圆柱形。

（3）生长习性。常生于开旷荒地、坡路旁，耐旱，耐贫瘠。

（4）地理分布。在中国东北、华北、华东（含台湾）、西南（四川、贵州）有栽培。

（5）应用价值。可入药。

3.4.53 狗娃花［*Heteropappus hispidus*（Thunb.）Less.］

（1）所属科属。狗娃花属于菊菜科狗娃花属，为一年生挺水草本植物。

（2）形态特征。二年生、稀多年生草本，高30～60cm，全株被毛或近无毛。茎上部分枝。茎下部叶倒披针形、线形或线状披针形，长3～6cm，宽3～4mm，基部狭窄，先端钝或突尖，全缘或具疏齿；茎上部叶渐小。头状花序径3～5cm；总苞片2层，近等长，线状披针形或披针形，先端长渐尖，外层草质，内层边缘膜质，有毛；舌状花淡紫色，长1cm；管状花先端5裂。瘦果扁倒卵形，长2.5～3.5mm，宽1.5～2.5mm，被伏毛；舌状花冠毛为膜片状冠环，白色或稍淡褐红色，长0.5～1mm，少数舌状花冠毛中有时残留3～4条淡褐红色糙毛或者冠毛环，呈长短不整齐的膜片状刚毛，管状花冠毛糙毛褐红色，长3～4mm。花期为8—9月，果期为9—10月。

（3）生长习性。生长于海岸，海岸石滩，河边草甸，荒地，林缘，林中，路边，沙地，沙地灌丛，沙质草甸，山谷草甸，山坡，山坡草甸。

（4）地理分布。黑龙江省、吉林省、辽宁省、内蒙古自治区、陕西省、甘肃省、新疆维吾尔自治区、安徽省、浙江省、江西省、台湾省、湖北省、重庆市均有分布。

（5）应用价值。可入药。

3.5 哈尔滨地区河岸带植物现状分析

结合文献调查及实地调研结果，哈尔滨地区河岸带植被存在着以下特点。

（1）植物种类少。河流水文条件的季节和年际变化，造成了河岸区域呈现出洪水和干旱的交替循环过程，以及河边-河漫滩的环境变化梯度等，这些微气候环境为不同生态位的物种提供了栖息地（王青春等，2006；张凤凤等，2007；魏天兴和王晶晶，2009）。河岸带具有复杂多变的生境特征如水文、土壤、地形、光照、温度、湿度等这些小气候因子的时空变异性，使得其在生物多样性保护方面具有重要的作用，国内外有关的案例研究也对此进行了验证（Lazdinis and Angelstam，2005）。植物种类的多样化，会对河流生态系统的稳定性发挥相关生态效益具有重要意义。在实地调查的运粮河、何家沟、怀家沟、庙台沟、东风沟 5 条典型河流中，河岸带草本植物的种类分别为 20 种、12 种、12 种、10 种、6 种，数量较少，无法充分发挥河岸带的生态价值。

（2）植被景观差。河流生态系统狭长、成网状的特性，明显地提高了它们在景观中的功能和地位，其中主要功能之一是景观连接性。河岸带植被是景观中重要的廊道，动、植物可沿河上下运动，目前已成为美国各地生态系统保护中优先考虑的内容。美国"自然保护社"称河岸带为"最低限度上应受保护的、剩余资源中最好的"生态系统（陈吉泉，1996）。在实地调查的 5 条河流中，由于受植物种类及生长特性的限制，哈尔滨地区的河岸带景观效果极差。

（3）生态效益弱。河岸带具有净化水质、抑制河岸侵蚀、为生物提供栖息地、为人类提供休闲活动场所、缓解人为因素对河流生态系统的影响等多方面生态效益。根据调查结果，哈尔滨市河流尤其是中小河流，普遍存在着污染显著、生物量少、河岸侵蚀严重的问题，河岸带的生态效益没有得到充分发挥。

植被是河岸缓冲带生态系统的核心，对于河岸带的动物栖息、生物土壤微环境和发挥河岸缓冲带的生态功能有着重要的作用。为弥补哈尔滨市河岸带的相关不足，应结合地形和环境，筛选、引进适宜物种，构建水生植物结构，创造有地域特色的滨河植物景观，充分发挥河岸带的多方面效益。

4

哈尔滨市挺水植物种类筛选

挺水植物形态直立挺拔，茎叶挺出水面，根或地茎扎入泥中生长发育，绝大多数具有茎、叶之分，花色艳丽，花开时离开水面。在对哈尔滨市典型中小河流河岸带植物调查的基础上，采用查阅文献资料和咨询走访的方法，对哈尔滨市中小河流河岸带挺水植物进行了初步筛选，筛选出有利于河岸带恢复和构建的挺水植物，并运用模糊综合评价方法，从初步筛选的植物中，进一步筛选出高度适宜哈尔滨市栽种的挺水植物。

4.1 哈尔滨市挺水植物初步筛选

4.1.1 筛选原则

（1）以乡土物种为主。乡土植物是河岸带、湿地植被的重要组成部分，这类植物在当地经历漫长的演化过程，最能够适应当地的生境条件。在选择相关植被的过程中，应以乡土植物为主，辅助引进其他物种，增加物种多样性，同时维持生态系统的稳定性。

（2）因地制宜。哈尔滨市气候、地理条件特殊，对能长期生存的植物要求严格。如平均温度较低，为发挥水生植物的最大功能效应，必须选择在较低温度下依然可以存活的耐寒植物。哈尔滨市内河流多为季节性河流，雨季多存在洪水隐患，而旱季大部分河流缺水断流，故所选取的植物要具有一定的耐涝性和耐旱性。

（3）注重植物的净化功能。水质净化功能是挺水植物的一项重要功能。不同的植物对水体的净化效果也存在着一定的差异，应针对水体不同的污染物种类和含量，选择不同的植物，使其达到最佳的净化效果。

（4）景观效果明显。水生植物具有优美的姿态或艳丽的花朵，加之与灵动的水体搭配更是美不胜收，可以营造出河流、湿地景观。在选择挺水植物的过程中，要注重植物的垂直分布，植物花期、花色的搭配，使景观错落有致，给人以美的享受。

4.1.2 筛选方法

（1）查阅文献资料。通过查阅《中国植物志》（中国科学院中国植物志编辑委员会，

2004)、《北方地区园林植物识别与应用实习教程》(王玲,宋红,2009)、《中国湿地植物图鉴》(王辰,王英伟,2011)、《水生植物图鉴》(赵家荣,刘艳玲,2012)等哈尔滨市水生植物资源方面的资料,从哈尔滨市河岸带植物调查数据库中,筛选出兼具净化功能和景观效益的挺水植物。

(2)咨询走访。在研究过程中,咨询走访哈尔滨林业局植物与自然保护区管理处、东北林业大学园林学院以及当地居民等,充分了解哈尔滨市水生植物资源的种类及分布,掌握不同水生植物的特性和价值。

4.1.3 筛选结果

哈尔滨市挺水资源较为丰富,其中相当一部分水生植物具有潜在的景观生态和净化水体等价值。通过查阅资料和专家咨询的方法,在哈尔滨市所有河岸带植物中,筛选出适宜哈尔滨市中小河流河岸带栽种的挺水植物,共有11科、12属、13种,具体挺水植物信息见表4.1,各挺水植物形态特征见附图1。

表4.1　　　　　　哈尔滨市中小河流河岸带挺水植物初步筛选统计表

名称	拉 丁 学 名	科	属	生　境	生长地带
花叶芦竹	*Arundo donax* var. *versicolor*	禾本科	芦竹属	河旁、池沼、湖边	HC
芦苇	*Phragmites communis*	禾本科	芦苇属	河畔、湖畔、湖边、沼泽,以及河流、湖泊、池塘、水沟	HC、CX
美人蕉	*Canna indica* L.	美人蕉科	美人蕉属	湖畔、河畔,以及河流、湖泊、池塘浅水处	HC、CX
千屈菜	*Lythrum salicaria* L.	千屈菜科	千屈菜属	湖畔、河畔、沟边、湿草地	HC
水芹	*Oenanthe javanica*	伞形科	水芹属	沟边、河畔、湖畔、湿草地	HC、CX
水葱	*Scirpus validus* Vahl	莎草科	藨草属	沼泽地、沟渠、池畔、湖畔浅水	HC、CX
菖蒲	*Acorus calamus* L.	天南星科	菖蒲属	河畔、湖畔、沟边、沼泽、湿草地	CX
香蒲	*Typha orientalis* Presl	香蒲科	香蒲属	湖畔、河畔、沟边、沼泽,以及湖泊、河流、水沟浅水处	CX
雨久花	*Monochoria korsakowii*	雨久花科	雨久花属	浅水池、水塘、沟边或沼泽地	HC
黄花鸢尾	*Iris wilsonii* C. H. Wright	鸢尾科	鸢尾属	湖畔、河畔,以及河流、湖泊、池塘浅水处	HC、CX
德国鸢尾	*Iris germanica* L.	鸢尾科	鸢尾属	疏松、肥沃和排水良好的含石灰质土壤	HC、CX
泽泻	*Alisma plantago-aquatica* Linn.	泽泻科	泽泻属	沼泽边缘	HC
再力花	*Thalia dealbata* Fraser	竹芋科	塔利亚属	湖畔、河畔,以及河流、湖泊、池塘浅水处	HC

注　HC—常水位与洪水位之间湿生植物;CX—常水位以下水生植物。

4.2 挺水植物种类确定

挺水植物都能不同程度地改善水环境质量，增强观赏价值，但并非所有的水生植物都具有实际推广价值。本部分内容将在对哈尔滨市河岸带挺水植物初步筛选的基础上，通过一定的原则及方法，建立科学的指标体系，确定适宜哈尔滨市栽种的挺水植物种类。

4.2.1 筛选方法

4.2.1.1 评价指标选取及等级结构

（1）评价指标的层次结构。通过借鉴水生植物群落评价方法及生态学相关理论，采纳相关专家的意见和建议，结合已有研究成果，选取 7 项指标进行挺水植物筛选。具体指标见表 4.2。

表 4.2　　　　　　　　　　　　　哈尔滨市挺水植物筛选指标

目标层	准则层	指标层	指标类型	指标趋向
挺水植物适宜性	适应性（B1）	耐寒性（C1）	连续型	负
		耐涝性（C2）	连续型	正
		耐旱性（C3）	连续型	正
	净化能力（B2）	TP 去除率（C4）	连续型	正
		TN 去除率（C5）	连续型	正
	景观性（B3）	花期长短（C6）	连续型	正
		植株高度（C7）	连续型	正

耐寒性（C1）：指植物耐受寒冷而能生存的特性。本书中以挺水植物在哈尔滨市中小河流河岸带能够正常越冬的最低温度表示。

耐涝性（C2）：指植物耐水淹的能力。本书中以挺水植物全部被水淹没的生存天数表示。

耐旱性（C3）：指能耐受干旱而维持生命的性质。本书中以挺水植物在完全干旱的环境中生存的天数表示。

TP 去除率（C4）：植物对水体中 TP 的去除效率。本书中以挺水植物在哈尔滨市中小河流水质条件下的 TP 去除率表示。

TN 去除率（C5）：植物对水体中 TN 的去除效率。本书中以挺水植物在哈尔滨市中小河流水质条件下的 TN 去除率表示。

花期长短（C6）：植物从开花到花全部凋落的时间。本书中以挺水植物在哈尔滨中小河流河岸带正常生长的开花时间表示。

植株高度（C7）：植物露出地面以上部分的长度。本书中以挺水植物在哈尔滨中小河流河岸带正常生长的地上部分长度表示。

（2）评语等级结构。评语是将各评价目标划分成人们容易接受的等级类别。在模糊评价中，等级划分是评价的基础工作，只有在评价等级确定的基础上，才能准确评价。哈尔滨市中小河流河岸带挺水植物筛选的总目标分为高度适宜、适宜、勉强适宜和不适宜 4 个等级，总目标评价等级及具体含义见表 4.3。

表 4.3   总目标评价等级及具体含义

总目标评价等级	含　义
高度适宜	对哈尔滨市小河流河岸带生态系统适应性极强，对水质的净化效果极强，景观价值极大
适宜	对哈尔滨市小河流河岸带生态系统适应性较强，对水质的净化效果较强，景观价值较大
勉强适宜	对哈尔滨市小河流河岸带生态系统适应性一般，对水质的净化效果一般，景观价值一般
不适宜	不适应哈尔滨市小河流河岸带生态系统，对水质的净化效果较差，景观价值较低

4.2.1.2 权重确定

对于筛选过程中权重的确定，选用层次分析法。层次分析法（简称 AHP）是一种行之有效的确定权重系数的方法，它把复杂问题中的各种因素通过划分相互联系的有序层，使之条理化，根据对客观实际的模糊判断，将下一层次的各因素对于上一层次的各因素进行两两比较判断，构造判断矩阵，通过判断矩阵的计算，进行层次排序和一致性检验，最后进行层次总排序，得到各因素的组合权重。

（1）建立层次结构。建立层次结构是 AHP 中最重要的一步。首先要把问题条理化、层次化，构造出一个层次分析结构模型。在这个结构模型下，复杂问题被分解为若干元素，这些元素又按其属性分成若干组，形成不同层次。同一层次的元素对下一层次的某些元素起支配作用，同时它又受上一层次元素的支配。层次结构中的层次数与问题的复杂程度及需要分析的详尽程度有关，一般可以不受限制。但是同一层次的元素个数不宜过多，一般不超过 10 个。如果元素过多会给两两比较判断带来困难。一个好的层次结构对于解决问题是极为重要的，因而层级结构必须建立在深入分析的基础上。

（2）构造判断矩阵。层次结构中各层的元素可以依次相对于上一层元素进行两两比较，从而建立判断矩阵。判断矩阵的元素值反映了人们对各因素相对重要性的认识。

设某层有 n 个因素，$X = \{x_1, x_2, \cdots, x_n\}$，每次取两个因素 x_i 和 x_j，用 a_{ij} 表示 x_i 和 x_j 对上一层的重要程度之比，全部比较结果用矩阵 $A = (a_{ij})_{n \times n}$ 表示，A 称为成对比较的判断矩阵。A 中 $a_{ij} > 0$，$a_{ij} = 1/a_{ij}$，$i \neq j$，$(i = 1, 2, \cdots, n)$；$a_{ij} = 1$，$(i = 1, 2, \cdots, n)$。A 中元素 a_{ij} 的取值方法一般采用 A. L. Saaty 引入的标度方法，不同标度及其含义见表 4.4。

表 4.4   判断矩阵标度及其含义

标　度	含　义
1	表示两个因素相比，具有同等重要性
3	表示两个因素相比，前者比后者稍微重要
5	表示两个因素相比，前者比后者明显重要
7	表示两个因素相比，前者比后者强烈重要
9	表示两个因素相比，前者比后者极端重要
2, 4, 6, 8	表示上述相邻判断的中间值
倒数	若元素 x_i 和 x_j 的重要性之比为 a_{ij}，则元素 x_j 和 x_i 的重要性之比为 $a_{ji} = 1/a_{ij}$

（3）层次排序及一致性检验。求判断矩阵的最大特征根 $\lambda_{\max}$ 及其对应的特征向量 W，将 W 归一化，可得同一层次中相应元素对于上一层次中的某个因素相对重要性的排序权值，这就是层次单排序。层次单排序的两个关键问题是求解判断矩阵 A 的最大特征根 $\lambda_{\max}$ 及其对应的特征向量 W。一般采用方根法来计算，其计算方法如下。

1）计算判断矩阵每行元素的乘积 M_i。

$$M_i = \prod_{j=1}^{n} a_{ij} \quad (i,j=1,2,\cdots,n) \tag{4.1}$$

2）计算 M_i 的 n 次方根 w_i。

$$w_i = \sqrt[n]{M_i} \tag{4.2}$$

3）对特征向量 $W = (w_1,\ w_2,\ \cdots,\ w_n)^{\mathrm{T}}$ 进行归一化，即

$$w'_i = w_i / \sum_{i=1}^{n} w_j \tag{4.3}$$

则 $W' = (w'_1,\ w'_2,\ \cdots,\ w'_n)^{\mathrm{T}}$，即为所求的权重向量。

4）计算判断矩阵的最大特征根 $\lambda_{\max}$。

$$\lambda_{\max} = \sum_{i=1}^{n} \frac{(AW')_i}{nw'_i} \tag{4.4}$$

由于客观事物的复杂性以及人们对事物认识的模糊性和多样性，所给出的判断矩阵不可能完全保持一致，所以为保障其可信度，需要对判断矩阵进行一致性检验。根据矩阵理论，在层次分析法中引入判断矩阵最大特征根以外的其余特征根的负平均值，作为衡量判断矩阵偏离一致性的指标，即

$$CI = \frac{\lambda_{\max} - n}{n-1} \tag{4.5}$$

式中：CI 为一致性指标。

为了度量不同阶段判断矩阵是否具有满意的一致性，还需引入判断矩阵的平均随机一致性指标 RI。RI 值可参考表 4.5 获得（夏继红和严忠民，2009）。

表 4.5　　　　　　　　　　　随机一致性指标 RI 取值表

n	1	2	3	4	5	6	7	8	9	10
RI	0	0	0.58	0.9	1.12	1.24	1.32	1.41	1.45	1.49

判断矩阵的满意一致性是通过随机一致性比率 CR 来衡量的，CR 是一致性指标 CI 和随机一致性指标 RI 的比值。

$$CR = \frac{CI}{RI} \tag{4.6}$$

式中：CR 为随机一致性比率；CI 为一致性指标；RI 为平均随机一致性指标。

对于 1 阶、2 阶判断矩阵，RI 只是形式上的，1 阶、2 阶判断矩阵具有完全一致性。当阶数大于 2 时，CR 才有效。当 $CR<0.1$ 时，认为判断矩阵具有满意的一致性，排序才认为合理；否则需要调整判断矩阵的取值，直至具有满意的一致性为止。

4.2.1.3　挺水植物适宜性标准及隶属度模型

在哈尔滨市中小河流河岸带挺水植物筛选过程中，参照相关规范和研究成果，并咨询

相关专家，形成了河岸带挺水植物指标标准，各标准的选取见表 4.6。

表 4.6　　　　　　　　　　　挺水植物筛选指标等级标准值

指　　标	等　　级			
	高度适宜	适宜	勉强适宜	不适宜
耐寒性/℃	<-5	$-5\sim0$	$0\sim5$	>5
耐涝性/d	>90	$60\sim90$	$30\sim60$	<30
耐旱性/d	>60	$40\sim60$	$40\sim20$	<20
TP 去除率/%	>80	$80\sim65$	$50\sim65$	<50
TN 去除率/%	>80	$80\sim65$	$50\sim65$	<50
花期长短/d	>100	$80\sim100$	$60\sim80$	<60
植株高度/cm	>150	$100\sim150$	$50\sim100$	<50

以隶属度来刻画事物间的模糊界限是模糊数学的基本方法。在哈尔滨市中小河流河岸带挺水植物筛选中，选取的所有指标均为连续型变量，根据建立隶属度的基本原则，采用公式法确定隶属度。

对于评价指标值越大，所选植物越不适宜哈尔滨市中小河流河岸带栽种的，采用降半梯形分布函数来描述它们的隶属度，则每个指标对适宜性 4 个等级的隶属度函数分别为

$$U_{\mathrm{I}}=\begin{cases}1 & (x\leqslant A_1)\\[2mm]\dfrac{A_2-x}{A_2-A_1} & (A_1<x<A_2)\\[2mm]0 & (x\geqslant A_2)\end{cases} \tag{4.7}$$

$$U_{\mathrm{II}}=\begin{cases}0 & (x\leqslant A_1 \text{ 或 } x\geqslant A_3)\\[2mm]\dfrac{x-A_1}{A_2-A_1} & (A_1<x<A_2)\\[2mm]1 & (x=A_2)\\[2mm]\dfrac{A_3-x}{A_3-A_2} & (A_2<x<A_3)\end{cases} \tag{4.8}$$

$$U_{\mathrm{III}}=\begin{cases}0 & (x\leqslant A_2 \text{ 或 } x\geqslant A_4)\\[2mm]\dfrac{x-A_2}{A_3-A_2} & (A_2<x<A_3)\\[2mm]1 & (x=A_3)\\[2mm]\dfrac{A_4-x}{A_4-A_3} & (A_3<x<A_4)\end{cases} \tag{4.9}$$

$$U_{\mathrm{IV}}=\begin{cases}0 & (x\leqslant A_3)\\[2mm]\dfrac{x-A_3}{A_4-A_3} & (A_3<x<A_4)\\[2mm]1 & (x\geqslant A_4)\end{cases} \tag{4.10}$$

式中：U_{I}、U_{II}、U_{III}、U_{IV} 分别为各评价指标对 4 个评价等级的指标隶属度函数；x 为各评价指标的实际值；A_1、A_2、A_3、A_4 分别为各评价等级的分级标准值。

对于评价指标值越大，所选植物越适宜哈尔滨市中小河流河岸带栽种的，采用升半梯形分布函数来描述它们的隶属度，则每个指标对适宜性 4 个等级的隶属度函数分别为

$$U_\text{I} = \begin{cases} 1 & (x \geqslant A_1) \\ \dfrac{x-A_2}{A_1-A_2} & (A_2 < x < A_1) \\ 0 & (x \leqslant A_2) \end{cases} \tag{4.11}$$

$$U_\text{II} = \begin{cases} 0 & (x \geqslant A_1 \ \text{或} \ x \leqslant A_3) \\ \dfrac{A_1-x}{A_1-A_2} & (A_2 < x < A_1) \\ 1 & (x = A_2) \\ \dfrac{x-A_3}{A_2-A_3} & (A_3 < x < A_2) \end{cases} \tag{4.12}$$

$$U_\text{III} = \begin{cases} 0 & (x \geqslant A_2 \ \text{或} \ x \leqslant A_4) \\ \dfrac{A_2-x}{A_2-A_3} & (A_3 < x < A_2) \\ 1 & (x = A_3) \\ \dfrac{x-A_4}{A_3-A_4} & (A_4 < x < A_3) \end{cases} \tag{4.13}$$

$$U_\text{IV} = \begin{cases} 0 & (x \geqslant A_3) \\ \dfrac{A_3-x}{A_3-A_4} & (A_4 < x < A_3) \\ 1 & (x \geqslant A_4) \end{cases} \tag{4.14}$$

式中：U_I、U_II、U_III、U_IV 分别为各评价指标对 4 个评价等级的指标隶属度函数；x 为各评价指标的实际值，A_1、A_2、A_3、A_4 分别为各评价等级的分级标准值。

4.2.2 筛选结果

4.2.2.1 确定权重系数

根据 4.2.2.2 节的方法，建立各指标的判断矩阵如下：

$$\begin{array}{c|ccccccc} & C1 & C2 & C3 & C4 & C5 & C6 & C7 \\ \hline C1 & 1 & 1/2 & 8 & 3 & 3 & 9 & 9 \\ C2 & 2 & 1 & 9 & 2 & 2 & 8 & 8 \\ C3 & 1/8 & 1/9 & 1 & 1/6 & 1/6 & 2 & 2 \\ C4 & 1/3 & 1/2 & 6 & 1 & 1 & 9 & 9 \\ C5 & 1/3 & 1/2 & 6 & 1 & 1 & 9 & 9 \\ C6 & 1/9 & 1/8 & 1/2 & 1/9 & 1/9 & 1 & 5 \\ C7 & 1/9 & 1/8 & 1/2 & 1/9 & 1/9 & 1/5 & 1 \end{array}$$

经计算，该判断矩阵的最大特征根 $\lambda_{\max} = 7.6217$，特征向量为 $(0.2856,\ 0.2969,\ 0.0346,\ 0.1650,\ 0.1650,\ 0.0333,\ 0.0196)^\text{T}$，$CI = 0.1036$。

由表 4.5 可知，相应的 $RI = 1.32$，由此可计算出 CR，即

$$CR = CI/RI = 0.0785 < 0.1$$

因为 $CR < 0.1$，所以该判断矩阵是一致的。因此，哈尔滨市中小河流缓冲带挺水植物筛选中各指标的权重系数为 $(0.2856, 0.2969, 0.0346, 0.1650, 0.1650, 0.0333, 0.0196)^T$。

4.2.2.2　确定隶属度值

各指标的权重系数确定后，应建立评价模糊关系矩阵，模糊关系矩阵的元素值是指各指标隶属于不同等级的隶属度值。

通过查阅大量文献，同时咨询有关专家学者，确定了哈尔滨市中小河流河岸带挺水植物筛选各指标的实际值，以各指标平均值计，详见表 4.7。

表 4.7　　　　　　　　　　　　　不同挺水植物各指标实际值

植物名称	指 标 值						
	$C1$	$C2$	$C3$	$C4$	$C5$	$C6$	$C7$
花叶芦竹	−2	98	72	85	89	62	110
芦苇	0	80	55	85	80	90	160
美人蕉	−1	100	74	92	89	105	100
千屈菜	−5	98	76	90	89	70	140
水芹	−4	55	30	65	50	55	75
水葱	−3	82	45	62	60	90	150
菖蒲	−1	75	40	65	77	90	70
香蒲	−5	55	30	73	65	95	160
雨久花	−3	45	48	25	30	50	60
黄花鸢尾	−2	70	50	70	74	55	65
德国鸢尾	−8	100	66	85	96	65	110
泽泻	1	50	65	30	25	100	60
再力花	−4	105	70	95	84	104	115

根据表 4.6 中的指标标准值和表 4.7 中的指标实际值，利用式（4.7）～式（4.14）可以计算出各指标隶属于不同等级的隶属度值，建立不同植物各指标隶属度值所组成的 7×4 阶矩阵。

哈尔滨市中小河流河岸带挺水植物筛选指标隶属度值计算结果见表 4.8。

表 4.8　　　　　　　　　　　　　各筛选指标隶属度值

植物名称	指标	隶 属 度 值			
		$U1$	$U2$	$U3$	$U4$
花叶芦竹	$C1$	0.80	0.2	0	0.00
	$C2$	0.40	0.60	0.00	0.00
	$C3$	0.60	0.40	0.00	0.00
	$C4$	0.25	0.75	0.00	0.00
	$C5$	0.45	0.55	0.00	0.00
	$C6$	0.00	0.00	0.60	0.40
	$C7$	0.00	0.20	0.80	0.00

续表

植物名称	指标	隶 属 度 值			
		$U1$	$U2$	$U3$	$U4$
芦苇	$C1$	0.30	0.70	0.00	0.00
	$C2$	0.00	0.67	0.33	0.00
	$C3$	0.00	0.75	0.25	0.00
	$C4$	0.25	0.75	0.00	0.00
	$C5$	0.00	1.00	0.00	0.00
	$C6$	0.00	1.00	0.00	0.00
	$C7$	0.20	0.80	0.00	0.00
美人蕉	$C1$	0.45	0.55	0.00	0.00
	$C2$	0.50	0.50	0.00	0.00
	$C3$	0.70	0.30	0.00	0.00
	$C4$	0.60	0.40	0.00	0.00
	$C5$	0.45	0.55	0.00	0.00
	$C6$	0.75	0.25	0.00	0.00
	$C7$	0.00	0.00	1.00	0.00
千屈菜	$C1$	0.65	0.35	0.00	0.00
	$C2$	0.40	0.60	0.00	0.00
	$C3$	0.80	0.20	0.00	0.00
	$C4$	0.50	0.50	0.00	0.00
	$C5$	0.45	0.55	0.00	0.00
	$C6$	0.00	0.00	1.00	0.00
	$C7$	0.00	0.80	0.20	0.00
水芹	$C1$	0.15	0.75	0.1	0.00
	$C2$	0.00	0.00	0.83	0.17
	$C3$	0.00	0.00	0.50	0.50
	$C4$	0.00	0.00	1.00	0.00
	$C5$	0.00	0.00	0.00	1.00
	$C6$	0.00	0.00	0.25	0.75
	$C7$	0.00	0.00	0.50	0.50
水葱	$C1$	0.15	0.65	0.20	0.00
	$C2$	0.00	0.73	0.27	0.00
	$C3$	0.00	0.25	0.75	0.00
	$C4$	0.00	0.00	0.80	0.20

植物名称	指标	隶 属 度 值			
		U1	U2	U3	U4
水葱	C5	0.00	0.00	0.67	0.33
	C6	0.00	1.00	0.00	0.00
	C7	0.00	1.00	0.00	0.00
菖蒲	C1	0.00	0.65	0.15	0.20
	C2	0.00	0.50	0.50	0.00
	C3	0.00	0.00	1.00	0.00
	C4	0.00	0.00	1.00	0.00
	C5	0.00	0.80	0.20	0.00
	C6	0.00	1.00	0.00	0.00
	C7	0.00	0.00	0.40	0.60
香蒲	C1	0.35	0.65	0.00	0.00
	C2	0.00	0.00	0.83	0.17
	C3	0.00	0.00	0.50	0.50
	C4	0.00	0.53	0.47	0.00
	C5	0.00	0.00	1.00	0.00
	C6	0.25	0.75	0.00	0.00
	C7	0.20	0.80	0.00	0.00
雨久花	C1	0.35	0.65	0.00	0.00
	C2	0.00	0.00	0.50	0.50
	C3	0.00	0.40	0.60	0.00
	C4	0.00	0.00	0.00	1.00
	C5	0.00	0.00	0.00	1.00
	C6	0.00	0.00	0.00	1.00
	C7	0.00	0.00	0.20	0.80
黄花鸢尾	C1	0.10	0.75	0.15	0.00
	C2	0.00	0.33	0.67	0.00
	C3	0.00	0.50	0.50	0.00
	C4	0.00	0.33	0.67	0.00
	C5	0.00	0.60	0.40	0.00
	C6	0.00	0.00	0.25	0.75
	C7	0.00	0.00	0.30	0.70

植物名称	指标	隶属度值			
		U1	U2	U3	U4
德国鸢尾	C1	0.75	0.25	0.00	0.00
	C2	0.50	0.50	0.00	0.00
	C3	0.30	0.70	0.00	0.00
	C4	0.25	0.75	0.00	0.00
	C5	0.80	0.20	0.00	0.00
	C6	0.00	0.00	0.75	0.25
	C7	0.00	0.20	0.80	0.00
泽泻	C1	0.00	0.00	0.75	0.25
	C2	0.00	0.00	0.67	0.33
	C3	0.25	0.75	0.00	0.00
	C4	0.00	0.00	0.00	1.00
	C5	0.00	0.00	0.00	1.00
	C6	0.50	0.50	0.00	0.00
	C7	0.00	0.00	0.20	0.80
再力花	C1	0.55	0.45	0.00	0.00
	C2	0.75	0.25	0.00	0.00
	C3	0.50	0.50	0.00	0.00
	C4	0.75	0.25	0.00	0.00
	C5	0.20	0.80	0.00	0.00
	C6	0.70	0.30	0.00	0.00
	C7	0.00	0.30	0.70	0.00

　　隶属度矩阵建立后，用 4.2.3.1 节中所求得的特征向量即权重系数（0.2856，0.2969，0.0346，0.1650，0.1650，0.0333，0.0196）^{T} 与隶属度矩阵相乘，分别建立不同植物的模糊关系矩阵，见表 4.9。

　　从表 4.9 中可以看出，花叶芦竹、美人蕉、千屈菜、德国鸢尾、再力花 5 种植物隶属于高度适宜的隶属度值最大，分别为 0.48、0.50、0.49、0.55、0.58，根据模糊数学的最大隶属度原则，最终评定为这 5 种植物高度适宜哈尔滨市中小河流河岸缓冲带栽种；芦苇、水葱、菖蒲、黄花鸢尾 4 种植物隶属于适宜的隶属度值最大，分别为 0.76、0.46、0.50、0.48，根据模糊数学的最大隶属度原则，最终评定为这 4 种植物适宜哈尔滨市中小河流河岸缓冲带栽种；水芹、香蒲 2 种植物隶属于勉强适宜的隶属度值最大，分别为 0.48、0.51，根据模糊数学的最大隶属度原则，最终评定为这 2 种植物勉强适宜哈尔滨市中小河流河岸缓冲带栽种；雨久花、泽泻 2 种植物隶属于不适宜的隶属度值最大，分别为 0.53、0.52，根据模糊数学的最大隶属度原则，最终评定为这 2 种植物不适宜哈尔滨市中小河流河岸缓冲带栽种。

表 4.9 不同植物的模糊关系矩阵

植物名称	模 糊 关 系 矩 阵			
	高度适宜	适宜	勉强适宜	不适宜
花叶芦竹	0.48	0.47	0.04	0.01
芦苇	0.13	0.76	0.11	0.00
美人蕉	0.50	0.48	0.02	0.00
千屈菜	0.49	0.47	0.04	0.00
水芹	0.04	0.21	0.48	0.27
水葱	0.04	0.46	0.40	0.09
菖蒲	0.00	0.50	0.43	0.07
香蒲	0.11	0.31	0.51	0.07
雨久花	0.10	0.20	0.17	0.53
黄花鸢尾	0.03	0.48	0.45	0.04
德国鸢尾	0.55	0.40	0.04	0.01
泽泻	0.03	0.04	0.42	0.52
再力花	0.58	0.41	0.01	0.00

4.3 小结

（1）哈尔滨市水域辽阔，湿地生境多样，水生植物资源较为丰富。通过查阅文献资料、实地考察和咨询走访的方法，初步筛选出适宜哈尔滨市中小河流河岸带栽种的挺水植物共11科、12属、13种，分别为花叶芦竹、芦苇、美人蕉、千屈菜、水芹、水葱、菖蒲、香蒲、雨久花、黄花鸢尾、德国鸢尾、泽泻、再力花。

（2）运用模糊综合评价的方法，对初步筛选出的13种植物进行了进一步筛选。其中花叶芦竹、美人蕉、千屈菜、德国鸢尾、再力花5种植物高度适宜哈尔滨市中小河流河岸缓冲带栽种，芦苇、水葱、菖蒲、黄花鸢尾4种植物适宜哈尔滨市中小河流河岸缓冲带栽种，水芹、香蒲2种植物勉强适宜哈尔滨市中小河流河岸缓冲带栽种，雨久花、泽泻2种植物不适宜哈尔滨市中小河流河岸缓冲带栽种。

5 哈尔滨地区挺水植物适应性研究

哈尔滨地处亚欧大陆东部的中高纬度地区，气候条件、河流特征较为特别，对拟引种栽种挺水植物的耐寒性能、耐淹性能、耐旱性能有着较高要求。本书将对第2章筛选出的5种水生植物进行环境适应性的专项研究，从而确定其是否适合于哈尔滨地区栽种，为下一步的优化配置提供科学基础。

5.1 挺水植物耐寒性能研究

哈尔滨四季分明，冬季漫长而寒冷，夏季短暂而炎热，而春、秋季气温升降变化快，时间较短，能够长期生存的水生植物必须能够适应哈尔滨地区的气候特征。

5.1.1 方法选择

已有研究成果表明，寒冷地区植物成活、开花、凋落等各生长阶段时间较其他地区会有不同程度的延迟，会对植物的景观构建、植物生长等产生一定的影响。确定植物耐寒性能主要有直接鉴定法，生长恢复法，细胞膜透性的测定，丙二醛 MDA、可溶性糖、可溶性蛋白的测定 4 种方法。

5.1.1.1 直接鉴定法

直接鉴定法是耐寒性能最基本并广泛使用的鉴定方法。其过程是通过对受低温胁迫后植物的直观外部形态变化来说明其耐寒性。

5.1.1.2 生长恢复法

在植物材料低温处理后，将其置于温室或生长箱内测定其恢复生长的最低温度，从而确定其耐寒性强弱。此方法也是测定植物耐寒性的一种普遍方法。

5.1.1.3 细胞膜透性的测定

Rajashekar 在研究梨属植物耐寒性时提出致死温度这一概念。他发现温度与组织液电导率之间呈 "S" 形关系，并将急剧上升时中点所对应的温度作为致死温度（胡永红等，

2004）。朱根海等将处理温度与电导率拟和，将其图像拐点作为半致死温度（朱根海等，1986；胡永红等，2004）。

5.1.1.4 丙二醛 MDA、可溶性糖、可溶性蛋白的测定

丙二醛是对质膜起毒害作用的物质。当遇到寒冷条件时，膜脂的过氧化作用会分解出大量丙二醛并破坏细胞膜系统（陈新华等，2009）。通过低温胁迫后，MDA 含量及变化表明在耐寒性强的品种中 MDA 含量低；反之则高（高京草等，2010）。

可溶性糖可以缓解细胞质脱水，保护细胞胶体不遇冷凝固，当温度下降时糖的积累可以使植物安全越冬（陈曦等，2009）。

可溶性蛋白质含量与植物耐寒性呈正比。通过较强的亲水胶体性，可增加细胞的保水能力。细胞内可溶性蛋白含量与耐寒性，一方面是随着低温胁迫加剧植物耐寒能力提高并且可溶性蛋白含量增多；另一方面则是表现在，当某种植物具有更高耐寒能力时，其体内可溶性蛋白含量更高（魏娜等，2008）。

通过对植物耐寒性能研究方法的比较分析，从研究难度、成本及实际需要角度等方面综合考虑，拟在实际种植的基础上，参考气象学对温度的定义，利用直接鉴定法，确定筛选出的千屈菜、德国鸢尾、美人蕉、再力花、花叶芦竹 5 种挺水植物各生长阶段的植株变化状况及实际温度需要，分析其在哈尔滨地区引种栽种的可行性，用于指导种植实践，填补相关领域研究空白。

5.1.2 实验材料

实验材料为已在实验场地引种栽种的千屈菜、德国鸢尾、美人蕉、再力花、花叶芦竹。

5.1.3 实验设计

根据植物的生长特征，将所研究植物的生长阶段分为缓苗成活期、花期、凋落期共 3 个主要阶段。采用直接鉴定法，通过研究各阶段的植株变化情况及温度要求，确定各植物的耐寒性能及景观特征。

5.1.3.1 缓苗成活温度

"缓苗期"是农业生产的术语，是指农作物、蔬菜、花卉、苗木等植物移栽后出现的一段适应环境的扎根活棵延缓生长的时间。将挺水植物移栽之后，从定植到完全成活所经历的过渡阶段称为缓苗成活阶段（也即移栽成活），结合实际观测，记录各种植物缓苗成活的平均温度及植株变化，确定各植物对缓苗成活的温度要求。

5.1.3.2 植物花期温度

花期是指当花的各部分发育成熟时，从花朵开放，雌、雄蕊从花被中暴露出来，至完成传粉和受精作用，花朵凋谢的一段时期。花期的长短因作物不同而有很大差异。植物开花要求适宜的温度和充足的阳光，低温和阴雨等不良条件均会影响开花、传粉和受精，造成落花、落果和空秕粒。本部分将结合实际观测，记录各种植物开花及花落的平均温度及植株变化，从而确定各植物对花期的温度要求。

5.1.3.3 植物凋落温度

植物生长到一定阶段以后，会逐渐失去水分和生机，从而开始枯萎，直至凋落。本部分将结合实际观测，记录各种植物开始凋落及完全凋落的平均温度、植株变化，从而确定各植物对凋落的温度要求。

为研究需要，需确定研究区域各月份的温度特征。根据已有气象资料，哈尔滨地区 6—11 月平均温度特征见表 5.1。

表 5.1　　　　　　　　　　　哈尔滨地区 6—11 月平均温度特征　　　　　　　　　单位：℃

时　间	6 月上旬	6 月中旬	6 月下旬	7 月上旬	7 月中旬	7 月下旬
平均最高温度	24.5	25.5	27	28	28	28
平均最低温度	12.5	15	16.5	18	18.5	19
时　间	8 月上旬	8 月中旬	8 月下旬	9 月上旬	9 月中旬	9 月下旬
平均最高温度	27.6	24.4	26.6	23	21	19
平均最低温度	17	14.9	17.2	12	9	6.5
时　间	10 月上旬	10 月中旬	10 月下旬	11 月上旬	11 月中旬	11 月下旬
平均最高温度	16	12.5	8.8	5	−1.5	−4
平均最低温度	3	1.5	−2	−5.5	−10.5	−13.5

5.1.4　实验结果与分析

结合观测情况，千屈菜、德国鸢尾、美人蕉、再力花、花叶芦竹 5 种植物各生长阶段最低温度要求见表 5.2 和图 5.1。

表 5.2　　　　　　　　　　　5 种植物各生长阶段最低温度要求表　　　　　　　　　单位：℃

生长阶段	千屈菜	德国鸢尾	美人蕉	再力花	花叶芦竹
缓苗结束	14.4	19.8	17.8	16.6	20
花期开始	18.6	—	18.2	18.2	—
花期结束	9.2	—	3.4	10.6	—
开始凋落	9.2	1.8	15.4	8.8	1.8
凋落结束	0	−7.6	1.8	−3.6	−1.2

注　根据气象学对温度的定义，一般将 5 天内平均温度及实际温度作为其参考温度。

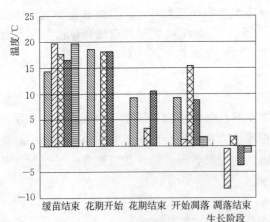

图 5.1　5 种植物生长阶段最低温度要求

从表 5.2 及图 5.1 可以看出：

（1）千屈菜对于缓苗结束、花期开始、花期结束、开始凋落、凋落结束的平均最低温度要求分别为 14.4℃、18.6℃、9.2℃、9.2℃、0℃。经与哈尔滨地区温度特征相比较，千屈菜的成活时间一般为 6 月上中旬，花期一般可以持续到 9 月中旬左右，完全凋落时间为 10 月中下旬。

（2）德国鸢尾对于缓苗结束、开始凋落、凋落结束的平均最低温度要求分别为 19.8℃、1.8℃、7.6℃。经与哈尔滨地区温度特征相比较，德国鸢尾的成活时间一般为 6 月中下旬，完全凋落时间为 11 月中下旬。按照德国鸢尾的特性，其花朵硕大，色彩鲜艳，园艺品种繁多，花色丰富，有纯白、姜黄、桃红、淡紫、深紫等，常用于花坛、花境布置，也是重要的切花材料，花期一般为 5—6 月。但在实验过程中，德国鸢尾一直没有开花，具体原因有待进一步研究。

（3）美人蕉对于缓苗结束、花期开始、花期结束、开始凋落、凋落结束的平均最低温度要求分别为 17.8℃、18.2℃、3.4℃、8.8℃、-3.6℃。经与哈尔滨地区温度特征相比较，美人蕉的成活时间一般为 6 月中下旬，花期一般可以持续到 10 月中旬，完全凋落时间为 10 月下旬左右。

（4）再力花对于缓苗结束、花期开始、花期结束、开始凋落、凋落结束的平均最低温度要求分别为 16.6℃、18.2℃、10.6℃、15.4℃、1.8℃。经与哈尔滨地区温度特征相比较，再力花的成活时间一般为 6 月上旬，花期一般可以持续到 9 月中下旬，完全凋落时间为 11 月上旬左右。

（5）花叶芦竹对于缓苗结束、开始凋落、凋落结束的平均最低温度要求分别为 20℃、1.8℃、-1.2℃。经与哈尔滨地区温度特征相比较，花叶芦竹的成活时间一般为 6 月下旬，完全凋落时间为 11 月上旬。经查询，花叶芦竹为观叶型植株，花朵不明显，因此在进行观测时没有记录其花期信息。

（6）缓苗温度要求最低的是千屈菜，在 14.4℃时就开始正常生长，要求最高的是花叶芦竹，需达到 20℃；对开花温度要求最低的是美人蕉和再力花，在 18.2℃时就开始有花朵绽放，花期结束对温度要求最低的是美人蕉，在 3.4℃时花期才完全结束；叶片凋落最晚的是德国鸢尾和花叶芦竹，在 1.8℃时植株才开始凋落，叶片完全凋落时间最长是德国鸢尾，在温度为 -7.6℃时才完全凋落。

5.2 挺水植物耐淹性能研究

哈尔滨地区内河流多为季节性河流，尤其在河岸带区域时常发生水位变化。特别是在汛期，水位可能会急剧升高，超过设计水位，从而淹没植物。植物遭到水淹以后，根细胞无法呼吸而导致死亡；根细胞死亡以后，叶或其他部位的细胞因缺乏水和无机盐不能正常进行生命活动而死亡。拟对千屈菜、德国鸢尾、美人蕉、再力花、花叶芦竹 5 种挺水植物耐淹性能进行专项研究，用于指导种植实践，填补相关领域研究空白。

5.2.1 方法选择

植物耐淹性能是指植物在淹没条件下具有的适应性和抵抗力，不同植物耐淹性不同。耐淹鉴定就是按植物的耐淹能力强弱进行筛选和评价的过程，确定植物耐淹性能主要利用以下两类指标进行鉴定、判断。

5.2.1.1 形态指标

株高、成活率、茎长、根长、叶形态等均为植物的主要形态指标。

王芳在研究大豆耐淹性时主要对根的形态特征、成活率进行研究。首先对植株进行预实验，即子叶期的没顶掩水处理、3cm 水深的淹水处理以及子叶期的土壤水分饱和处理，处理期间测定对没顶淹水处理测定存活率。对 3cm 水深的淹水处理以及子叶期的土壤水分饱和处理，测定其主根长、根干重、根鲜重、茎干重和基鲜重。然后再用盆栽法进行水淹处理，淹没一段时间后进行水分正常管理，记录死苗率，并与对照组比较计算相对死苗率（王芳，2007）。

施卫东等对 5 种乔木的耐淹性研究时主要对成活率、叶形态进行研究。通过采取在太湖边挖栽植穴就地造林的方法，观察拟研究乔木各自的存活、高生长和叶色变化等，来比较 5 种树种的耐淹能力（施卫东等，2010）。

马利民等以 7 种草本植物为实验材料，分别以盆栽实验和直接在长江万州江段的江边设实验基地两种方式对植物进行适应性研究，观测其生长情况，比较各自耐淹性（马利民等，2009）。

5.2.1.2 生理生化指标

光合作用指标、蒸腾作用指标、气孔导度、胞间 CO_2 浓度、水分利用率、叶绿素含量、电导率、丙二酸含量等为植物主要的生理生化指标。

刘旭在对三峡库区的消落带进行植被恢复选择植物种时，从库区采回的香附子等 5 种植物进行盆栽实验，测定在全淹、半淹、常规水分和干旱四个不同土壤水分梯度处理下各植物种的光合作用相关指标、蒸腾作用相关指标、气孔导度、胞间 CO_2 浓度、水分利用率、干物质含量、叶绿素含量等确定其耐淹性能（刘旭，2008）。

李眏乐在进行青竹复叶槭耐淹性实验时，对相关酶活性、丙二醛、电导率、叶绿素等指标进行测量，得到水淹 28 天时青竹复叶槭叶片多数枯黄脱落（李眏乐，2008）。

刘可心以湖南地区适应性好，种植广泛的矮生狗牙根、假俭草、麦冬、扁穗牛鞭草、结缕草兰引 3 号、本地普通狗牙根、多年生黑麦草、白三叶草、草地早熟禾为研究对象进行不同时间和不同淹水深度的处理，通过测定叶片可溶性糖含量、叶片叶绿素含量、叶片游离脯氨酸含量、叶片丙二醛含量、叶片相对电导率、根系活力等指标，探明其潜在的应用价值（刘可心，2009）。

有学者对水稻进行耐淹能力研究时，测定其电导率和丙二酸含量（李阳生等，2000）。

在目前的耐淹实验中，大多数是以实验为基础的生理生化实验，少有基于对植物生长情况进行实地调查、观测而进行的耐淹性能研究。拟在实际种植的基础上，通过盆栽实验对植物形态指标的实际观测，确定筛选出的千屈菜、德国鸢尾、美人蕉、再力花、花叶芦竹 5 种挺水植物的耐淹性能，分析其在哈尔滨地区引种栽种的可行性，用于指导种植实践，填补相关领域研究空白。

5.2.2 实验材料

实验材料为已经在实验场地种植且长势良好的千屈菜、德国鸢尾、美人蕉、再力花、花叶芦竹。

5.2.3 实验设置

为充分了解不同淹没水位对水生植物可能造成的影响，盆栽实验淹没深度分别设置为实验植株高度的 1/3，2/3 和全淹没三个位置；根据哈尔滨地区汛期划分，其最长时间为每年的 7 月初至 9 月末（约 90 天），故本实验时间设置为 90 天的连续耐淹实验，通过观测 5 种水生植物植株的变化情况，确定其各自耐淹性能，实验过程详见附图 2。

5.2.3.1 栽种

将从实验场选取的 5 种植物（每种 3 株），分别移栽到直径 15cm 的实验花盆中，每个花盆种植 1 株，作为实验植株；将实验植株置于实验装置内，向装置内注水，至水位分别为各实验装置的设计实验水位时停止注水。将注水后的植株放置于室外，正常接受光照，定期进行实验植株管护及水量补充。

5.2.3.2 观测

从栽种开始，每 3～5 天观测、记录一次实验植株的生长状态。

5.2.3.3 淹没胁迫实验

在植株被完全淹死时，将其从水中取出，观测实验植株是否出现返青及返青时间。

5.2.3.4 植物水淹死亡判据

观测法：植物叶片全部脱落或腐烂，无绿色叶片。

提拉法：在观测法的基础上，用力提拉植株，植株可轻易离土，根部腐烂。

剖面法：将植株茎部切断，茎部中心腐烂、充水。

5.2.4 实验结果与分析

千屈菜、德国鸢尾、美人蕉、再力花、花叶芦竹 5 种挺水植物在不同淹没深度的耐淹实验中，植株随时间变化特征见表 5.3～表 5.5。

表 5.3　　　　　　　　　　　　　1/3 淹没深度植物耐淹性能表

时间/d	千屈菜	德国鸢尾	美人蕉	再力花	花叶芦竹
10		叶片边缘变黄		底部叶片变黄	下部叶片开始变色
20	花序脱落、须根生长		叶片边缘变黄	外侧叶片腐烂	
30	倒伏、新芽生成	外侧叶片开始枯萎	外侧叶片开始腐烂、须根生长		
40	茎膨大			叶面积明显增大	新芽生成
50	花序完全脱落、枝叶变红	须根大量生长	须根大量生长		
60	60%叶片凋落		中心长出新叶	40%叶片腐烂	
70	茎收缩				下部叶片开始脱落
80	叶片凋落90%	植株整体有枯黄趋势	叶片萎缩	叶片开始枯萎	下部叶片完全脱落
90	叶片完全脱落，尚有新芽	40%植株枯黄	叶片干枯	20%叶片枯萎	中部叶片萎缩

从表 5.3 可以看出，在 1/3 淹没深度时，叶片颜色最先变化的是德国鸢尾、再力花和花叶芦竹，在第 10 天就出现；叶片最早出现腐烂的是再力花，在第 20 天就出现；叶片最早开始枯萎的是德国鸢尾，在第 30 天就出现；须根最早开始出现的是美人蕉，在第 30 天就出现。另外在实验过程中，千屈菜、花叶芦竹生成新芽，美人蕉生成新叶，表明其原有植株不适合所处环境，正在通过加快新陈代谢抵抗外界的干扰。在 1/3 水位淹没状态下，5 种植株都可以正常生长。

表 5.4   2/3 淹没深度植物耐淹性能表

时间/d	千屈菜	德国鸢尾	美人蕉	再力花	花叶芦竹
10	须根生长	叶片边缘变黄	叶片边缘变黄	底部叶片变黄	下部叶片变色
20	叶片变红		开花	外侧叶片腐烂	
30	新芽生成	外侧叶片腐烂	落花		新芽生成
40	茎膨胀		外侧叶片开始腐烂	外侧茎变色	下部叶片开始腐烂
50			40%叶片腐烂		
60	花完全脱落	叶片出现下折	须根生长旺盛	40%植株变色	下部叶片开始枯萎
70	枝叶完全变红			茎、叶充水	
80	叶片凋落90%、茎收缩	50%叶片卷曲	60%叶片腐烂	水位以下植株完全充水	70%叶片消失
90	叶片完全脱落	植株整体颜色变浅	叶片干枯	20%叶片枯萎	新芽长势旺盛

从表 5.4 可以看出，在 2/3 淹没深度时，第 10 天德国鸢尾、美人蕉、再力花、花叶芦竹的叶片边缘开始发生颜色变化；叶片最早出现腐烂的是再力花，在第 20 天就出现；叶片最早开始枯萎的是花叶芦竹，在第 60 天就出现；须根最早开始出现的是千屈菜，在第 10 天就出现。另外在实验过程中，千屈菜、花叶芦竹生成新芽，表明其原有植株不适合所处环境，正在通过加快新陈代谢抵抗外界的干扰。在 2/3 水位淹没状态下，5 种植株都可以正常生长。

表 5.5   全淹没植物耐淹性能表

时间/d	千屈菜	德国鸢尾	美人蕉	再力花	花叶芦竹
10	须根生长	叶片边缘变黄		底部叶片变黄	下部叶片变色、腐烂
20	新芽、新叶生成	外侧叶片腐烂	外侧叶片开始腐烂		
30	叶片出现斑点		40%叶片腐烂	40%植株变色	植株开始倒伏
40	叶片凋落40%	中心叶片开始腐烂			
50				60%植株变色	植株开始腐烂
60	叶片凋落60%		60%叶片腐烂	茎、叶充水	
70		叶片充水	80%叶片腐烂	80%茎、叶充水	80%叶片消失
80	叶片完全凋落	80%叶片倒伏	100%叶片腐烂	植株倒伏	植株倒伏
90	植株死亡（85 天）	全部叶片倒伏、80%叶片充水	植株死亡（88 天）		植株死亡（83 天）

从表 5.5 可以看出，在全淹没时，第 10 天德国鸢尾、再力花的边缘开始发生颜色变化；叶片最早出现腐烂的是花叶芦竹，在第 10 天就出现；须根最早开始生长的是千屈菜，在第 10 天就出现。另外在实验过程中，千屈菜生成新芽，表明其原有植株不适合所处环境，正在通过加快新陈代谢抵抗外界的干扰。在全淹没状态下，千屈菜、美人蕉、花叶芦竹分别在第 85 天、第 88 天、第 83 天死亡。

通过对实验所选用的千屈菜、德国鸢尾、美人蕉、再力花、花叶芦竹 5 种植物进行连续 90 天的盆栽耐淹实验，并辅助进行胁迫实验，主要得到如下结论：

（1）千屈菜在 90 天实验期内，1/3 淹没深度、2/3 淹没深度、全淹没状态下，植株底端会有须根及新芽生长，茎会发生充水膨大，枝叶逐渐变红直至凋落。其中 1/3 淹没深度、2/3 淹没深度水位状态下，千屈菜可以正常生长；全淹没状态下，千屈菜在第 85 天死亡，且无返青。

（2）德国鸢尾在 90 天实验期内，1/3 淹没深度、2/3 淹没深度、全淹没状态下，最外侧水位处叶片最先变黄，并向植株中心蔓延；植株底端会有须根生长，叶片会发生充水膨大，枝叶逐渐腐烂。1/3 淹没深度、2/3 淹没深度、全水位状态下德国鸢尾均可以正常生长。

（3）美人蕉在 90 天实验期内，1/3 淹没深度、2/3 淹没深度、全淹没状态下，最外侧水位处叶片最先变黄，并向植株上部蔓延；植株底端会有须根生长、中央会有新叶生成；枝叶逐渐腐烂。其中 1/3 淹没深度、2/3 淹没深度水位状态下，美人蕉可以正常生长；全淹没状态下，美人蕉在第 88 天死亡，且无返青。

（4）再力花在 90 天实验期内，1/3 淹没深度、2/3 淹没深度、全淹没状态下，最底部叶片最先变黄，并向植株上部蔓延；叶片及茎会发生充水膨大；枝叶逐渐腐烂、倒伏。1/3、2/3、全水位状态下再力花均可以正常生长。

（5）再力花在 90 天实验期内，1/3 淹没深度、2/3 淹没深度、全淹没状态下，最底部叶片最先变黄，并向植株上部蔓延；植株底端会有须根及新芽生长；枝叶逐渐腐烂、倒伏。其中 1/3 淹没深度、2/3 淹没深度水位状态下，花叶芦竹可以正常生长；全淹没状态下，花叶芦竹在第 83 天死亡，且无返青。

5.3 挺水植物耐旱性能研究

哈尔滨地区内河流多为季节性河流，特别是在非汛期，河岸带水位可能会低于常水位，发生局部干旱，使植物缺水而导致死亡。拟对千屈菜、德国鸢尾、美人蕉、再力花、花叶芦竹 5 种挺水植物其耐淹性能进行专项研究，用于指导种植实践，填补相关领域研究空白。

5.3.1 方法选择

植物耐旱性能是指植物在干旱条件下具有的适应性和抵抗力。不同植物耐旱性不同，耐旱鉴定就是按植物的耐旱能力强弱进行筛选和评价的过程，通过耐旱性鉴定可以推测植物适应干旱的能力。确定植物耐旱性能主要利用形态指标和生理生化指标两类指标进行鉴定、判断。

5.3.1.1 形态指标

株型、根系发达程度以及叶片形态等为植物主要的形态指标。

紧凑的株型与强大的根系通常更耐旱，而具有更小的叶及细胞、发达的表皮层及叶脉、较厚的蜡质层和角质层、更多茸毛、更密集的叶组织及栅栏组织等植物更耐旱（高吉寅，1983）。

通过叶形和叶色也可以在一定程度上判断植物耐旱性，淡绿色和黄绿色叶可以反射较多光而降低叶温从而减少水分蒸发，干旱时叶片萎蔫下垂是植物适应水分胁迫的重要方式。

5.3.1.2　生理生化指标

光合速率及气孔导度、胞间 CO_2 浓度、蒸腾速率及水分利用效率、膜相对透性的测定等为植物主要的生理生化指标。

光合速率及气孔导度、胞间 CO_2 浓度：抵抗干旱的重要因素其中一条即提高光合作用效率。光合速率的日变化通常也可以反应植物耐旱情况。通常在晴天下观测光合日变化呈现两种情况：第一种表现为单峰曲线，即光合作用随着时间加强到中午达到高峰，以后逐渐降低到日落停止；第二种为双峰曲线，即光照强烈时，出现早高峰与午后高峰。这是由于中午光照强烈导致蒸腾随之加强，因此气孔关闭，并导致 CO_2 供应不足等限制光合的因素。若耐旱的品种则光合能力强会缓和双峰曲线中的光合午休现象。气孔作为碳循环中的结合点，其导度 Cond 随胁迫加剧而下降，并且可以反映净光合速率 Pn 下降。水分是光合作用的原料之一，当干旱条件下，水缺乏时使 Pn 下降；同时缺水使气孔关闭，影响 CO_2 进入叶内；缺水还使叶片淀粉水解加强，糖类堆积，光合产物输出缓慢，这些都会使光合速率下降。从而反映植物耐旱能力强弱。植物光合作用主要利用空气中的 CO_2，它通过气孔进入植物体。若植物叶片胞间 CO_2 浓度越高，则气孔内外 CO_2 浓度差越小，气孔所能吸收的 CO_2 越少，光合速率就越低。

蒸腾速率及水分利用效率：蒸腾作用是指水分从活植物体表面（叶），以水蒸气状态散失到大气中的过程，调节支配水分代谢同时也影响植物水分利用效率。水分利用效率WUE 是光合速率与蒸腾速率的比值，说明植物消耗每单位重量水分所固定的 CO_2 的数值，表示植物对环境资源的利用水平。

膜相对透性的测定：植物的细胞膜维持着细胞微环境与正常代谢，且具有选择透过性。当植物在干旱、低高温、盐害等逆境环境时，它受到破坏从而使膜透性增大，细胞内电解质外渗从而导致细胞液电导率增大。因此其膜相对透性的增大程度与植物体本身对抗逆境的能力有关。在干旱胁迫影响下，细胞膜受到破坏而引起膜透性增大，细胞液外渗使电导率增大，膜透性变化越大，表示影响越大耐旱性越弱。

在目前的耐旱实验中，大多数是以实验为基础的生理生化实验，少有基于对植物生长情况进行实地调查、观测而进行的耐旱性能研究。拟在实际种植的基础上，通过对植物形态指标的实际观测，确定筛选出的千屈菜、德国鸢尾、美人蕉、再力花、花叶芦竹 5 种挺水植物的抗旱性能，分析其在哈尔滨地区引种栽种的可行性，用于指导种植实践，填补相关领域研究空白。

5.3.2　实验材料

实验材料为已经在实验场地种植且长势良好的千屈菜、德国鸢尾、美人蕉、再力花、花叶芦竹。

5.3.3　实验设计

本实验将通过观测各种植物在干旱实验中的生长状态变化，确定各自耐淹性能，实验过程详见附图 3。

5.3.3.1 栽种

将从实验场选取的 5 种植物（每种 3 株），分别移栽到直径 45cm 的实验花盆中，每个花盆种植 1 株，作为实验植株；从实验场地取土，向花盆中培土，浇水至土壤饱和。将栽种好的实验植株放置于遮风、避雨、不遮光的室内，自栽种之日起一直不浇水，定期除杂草。在实验场地中，每种植物各选择若干株作为对照实验植株。

5.3.3.2 观测

从栽种开始，每 3～5 天观测、记录实验植株及对照植株的生长状态。

5.3.3.3 干旱胁迫实验

在植株完全萎蔫时进行复水处理，观测实验植株是否出现返青及返青时间。

5.3.3.4 萎蔫模型构建

根据耐淹实验中各实验植株萎蔫量随时间的变化趋势，拟合各种植物萎蔫模型，用于解释在耐淹实验中植株萎蔫程度的变化。

5.3.3.5 植物干旱死亡判据

观测法：植物叶片全部脱落或干枯，无绿色叶片，植株可以轻易被折断。

提拉法：在观测法的基础上，用力提拉植株，植株可轻易离土，根部干枯。

剖面法：将植株茎部切断，茎部中心干枯。

5.3.4 实验结果与分析

5.3.4.1 萎蔫模型建立

萎蔫为植物失水、细胞不能维持正常状态所表现的症状。由于植物在吸收水的同时也在散失水（如蒸腾），当土壤的水势低于某一数值时，这种水的吸收和散失就不能平衡，散失的水分将多于吸收的水分，植物将失去膨压而发生萎蔫。通过观测及记录植株萎蔫量达到总量 40%、60%、80%、100% 的时间，探求千屈菜、德国鸢尾、美人蕉、再力花、花叶芦竹 5 种挺水植物萎蔫程度随时间的变化规律。

在进行耐旱实验时，千屈菜实验植株在第 9 天、第 25 天、第 34 天、第 47 天分别达到枝叶萎蔫量的 40%、60%、80%、100%。根据千屈菜植株萎蔫程度（y）随时间（x）变化曲线，拟合了千屈菜植株萎蔫模型，模型为三次曲线，具体形式见式（5.1）和图 5.2。

$$y = 0.00002x^3 - 0.001x^2 + 0.051x + 0.012 \tag{5.1}$$

经计算，曲线拟合后的确定系数 $R^2 = 0.989$，曲线拟合程度较好，说明该三次曲线可以用于解释千屈菜在耐旱实验中植株萎蔫程度的变化。

在进行耐旱实验时，德国鸢尾实验植株在第 24 天、第 36 天、第 42 天、第 59 天分别达到枝叶萎蔫量的 40%、60%、80%、100%。根据德国鸢尾植株萎蔫程度（y）随时间（x）变化曲线，拟合了德国鸢尾植株萎蔫模型，模型为三次曲线，具体形式见式（5.2）和图 5.3。

$$y = -0.000006x^3 + 0.007x + 0.001 \tag{5.2}$$

经计算，曲线拟合后的确定系数 $R^2 = 0.994$，曲线拟合程度较好，说明该三次曲线可以用于解释德国鸢尾在耐旱实验中植株萎蔫程度的变化。

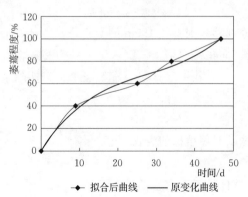

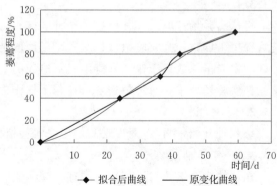

图 5.2　千屈菜植株萎蔫程度变化曲线　　　图 5.3　德国鸢尾植株萎蔫程度变化曲线

在进行耐旱实验时，美人蕉实验植株在第 28 天、第 34 天、第 38 天、第 42 天分别达到枝叶萎蔫量的 40%、60%、80%、100%。根据美人蕉植株萎蔫程度（y）随时间（x）变化曲线，拟合了美人蕉植株萎蔫模型，模型为三次曲线，具体形式见式（5.3）和图 5.4。

$$y = 0.000009x^3 + 0.00009x^2 + 0.00004 \tag{5.3}$$

经计算，曲线拟合后的确定系数 $R^2 = 0.999$，曲线拟合程度很好，说明该三次曲线可以用于解释美人蕉在耐旱实验中植株萎蔫程度的变化。

在进行耐旱实验时，再力花实验植株在第 26 天、第 35 天、第 38 天、第 49 天分别达到枝叶萎蔫量的 40%、60%、80%、100%。根据再力花植株萎蔫程度（y）随时间（x）变化曲线，拟合了再力花植株萎蔫模型，模型为三次曲线，具体形式见式（5.4）和图 5.5。

$$y = -0.00001x^3 + 0.001x^2 - 0.009x \tag{5.4}$$

经计算，曲线拟合后的确定系数 $R^2 = 0.989$，曲线拟合程度较好，说明该三次曲线可以用于解释再力花在耐旱实验中植株萎蔫程度的变化。

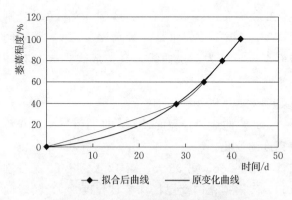

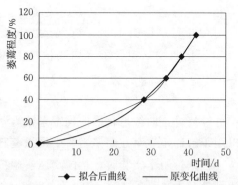

图 5.4　美人蕉植株萎蔫程度变化曲线　　　图 5.5　再力花植株萎蔫程度变化曲线

在进行耐旱实验时，花叶芦竹实验植株在第 25 天、第 29 天、第 33 天、第 35 天分别达到枝叶萎蔫量的 40%、60%、80%、100%。根据花叶芦竹植株萎蔫程度（y）随时间（x）变化曲线，拟合了花叶芦竹植株萎蔫模型，模型为三次曲线，具体形式见式（5.5）和图 5.6。

$$y = 0.00004x^3 - 0.001x^2 + 0.002x - 0.00007 \qquad (5.5)$$

经计算，曲线拟合后的确定系数 $R^2 = 0.997$，曲线拟合程度很好，说明该三次曲线可以用于解释花叶芦竹在耐旱实验中植株萎蔫程度的变化。

5.3.4.2 5种植物耐旱结果分析

根据千屈菜、德国鸢尾、美人蕉、再力花、花叶芦竹5种挺水植物在耐旱实验中植株随时间的性状变化特征，各自耐旱性能见表5.6和图5.7。

表 5.6　　　　　　　　　　　　　　　5种植物耐旱性能表

品种	时 间/d											
	5	10	15	20	25	30	35	40	45	50	55	60
千屈菜	0	I	I	I	II	II	III	III	III	IV	IV	IV
德国鸢尾	0	0	0	0	I	I	I	II	II	III	III	III
美人蕉	0	0	0	0	0	I	II	III	IV	IV	IV	IV
再力花	0	0	0	0	0	II	III	III	IV	IV	IV	IV
花叶芦竹	0	0	0	0	I	II/III	IV	IV	IV	IV	IV	IV

注 0级为正常；Ⅰ级为轻度萎蔫，约40%的叶片变黄、变软、卷缩；Ⅱ级为中度萎蔫，约60%的叶片变黄、变软、卷缩；Ⅲ级为重度萎蔫，约80%的叶片变黄、变软、卷缩；Ⅳ级为完全萎蔫，全部叶片变黄、变软、卷缩。

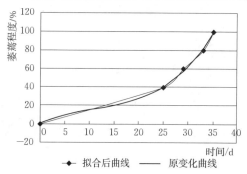

图 5.6　花叶芦竹植株萎蔫程度变化曲线

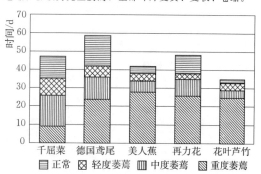

图 5.7　5种植物耐旱性能图

从表5.6及图5.7可以看出，最早出现轻度萎蔫的是千屈菜，在耐旱实验的第9天就出现；最早出现中度萎蔫的是美人蕉，在耐旱第25天就出现；最早出现重度萎蔫的是花叶芦竹，在耐旱实验的第33天就出现；最早出现完全萎蔫的是花叶芦竹，在耐旱实验的第35天就出现。5种植物在耐旱实验所表现出来的变化趋势，在相同自然条件下，耐旱能力依次为德国鸢尾＞再力花＞千屈菜＞美人蕉＞花叶芦竹。

复水实验：在5种植物进入完全萎蔫状态时，进行复水实验。千屈菜在复水处理后第15天出现返青，德国鸢尾在复水处理后第12天出现返青，其他3种植物未出现返青现象。

5.4　小结

本部分对千屈菜、德国鸢尾、美人蕉、再力花、花叶芦竹共5种水生植物进行耐寒性能、耐淹性能、耐旱性能等环境适应性进行了专项研究，主要得到以下结论：

（1）在相同自然条件下，5 种植物中幼苗抗寒能力最强的是千屈菜，花期最长的是美人蕉，成苗抗寒能力最强的是德国鸢尾。

（2）在相同的自然状态情况下，5 种植物耐淹性能排序为：德国鸢尾＞再力花＞美人蕉＞千屈菜＞花叶芦竹，且只要水位未完全淹没植株，所选 5 种植物均可在汛期正常生长。

（3）在相同自然条件下，5 种植物耐旱性能排序为：德国鸢尾＞再力花＞千屈菜＞美人蕉＞花叶芦竹。

6

哈尔滨市挺水植物栽种实验设计

在对哈尔滨市中小河流河岸带挺水植物进行筛选的基础上，选择了合适的场地，对所筛选出的 5 种植物进行栽种实验，通过对比设计了 3 种不同的实验方案，并对不同植物的栽种技术和后期管理技术进行详细说明，为下一步研究所选挺水植物的生长特性、适应性、净化效果、景观性，实现挺水植物的优化配置等做好前期准备。

6.1 栽种场地选择

6.1.1 选址原则

为满足挺水植物生长特性、适应性、净化效果、景观性等研究内容的需要。栽种场地应满足区位和交通条件、水源等基础条件、环境相对独立条件、场地面积条件共四方面条件。

6.1.1.1 区位和交通条件

实验场地选址应尽可能选择区位优势明显、交通便捷的地区，方便实验人员进行操作与日常的实验管理。

6.1.1.2 水源等基础条件

所选场地应具备水源、电力、运输等实验基本条件，满足实验过程中植物运送、灌溉和日常实验的基本要求，场地土壤整理后能够对所选取的挺水植物进行引种栽植。

6.1.1.3 环境相对独立条件

场地应尽可能选择在相对独立、受外界环境影响较小的位置，具有一定的生态独立性，便于各种实验的开展，保证实验数据免受外界环境及人为因素干扰。

6.1.1.4 场地面积条件

实验场地面积适中。如场地过大，则实验成本较高，会造成一定的浪费；如场地过小，则无法满足不同方案实验需求，且单块栽种面积过小（一般为小于 $30m^2$）时，植物的景观效果不宜显现。故实验场地大小应适中，既满足实验要求又不造成资源浪费。

6.1.2 场地评估

根据 6.1.1 节选址原则，综合考虑周边各实验基地条件，最终在哈尔滨市区内选定了适合进行哈尔滨市中小河流河岸带挺水植物栽种实验的实验场地。该栽种场地位于哈尔滨市主要的交通干道，交通便利，易于植物运输，便于实验人员日常操作与管理。实验基地运行多年，具备水源、电力、运输等基本实验条件；所选栽种场地内土壤较为贫瘠，多为石灰质土壤及沙土，并有大量碎石等建筑垃圾，便于测试筛选出的挺水植物对土壤类型的适应性，且场地经整理后其平整度可满足栽种需求。所选栽种场地四周，两面为实验楼，两面为围栏，外来人员无法入内；场地周边无其他实验场所，可以保证实验数据免受外界环境及人为因素干扰。实验场地为 15m×30m 的矩形地块，面积适中，适宜进行栽种实验，见图 6.1 和图 6.2。

图 6.1　场地平整前　　　　　　　图 6.2　场地平整后

6.2　栽种方案设计

参考已有栽种经验和园林设计理念，结合哈尔滨市典型中小河流特点和栽种场地特性，设计 3 种栽种方案（每种方案的种植面积为 15m×10m），每个方案将挺水植物分成 3 层（邻水层、中间层、岸线层）分别进行设计。

邻水层——最邻近水面的植被层，主要作用为护岸、固土和净化水质，宜选择耐淹、高秆、根系发达、水质净化能力强的植物。

中间层——主要作用为休憩，可以构造一定的造型，宜选择景观效果好，具有一定耐淹性、抗冲刷性的植物。

岸线层——陆生与水生植物的过渡带，主要作用为护坡、景观，宜选择景观效果好、矮秆、具有一定抗旱性的植物。

设计时考虑各层内、层间的高度、花期、花色的搭配；为避免凌乱，各方案内植物种类不宜多于 5 种。

3 种栽种方案设计见图 6.3。

方案中所栽种植物的适宜生境及生长地带见表 6.1。

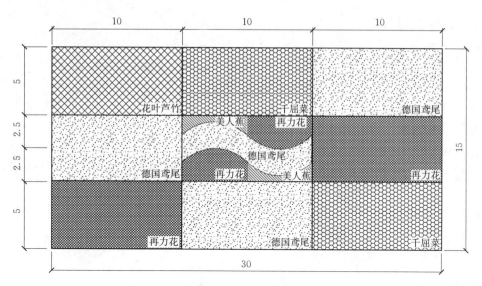

图 6.3　3 种栽种方案设计示意图（单位：m）

表 6.1　　　　　　　　　　　　栽种植物适宜生境及生长地带

植物名称	生　　境	生长地带
花叶芦竹	河旁、池沼、湖边	HC
美人蕉	湖畔、河畔，以及河流、湖泊、池塘浅水处	HC、CX
千屈菜	湖畔、河畔、沟边、湿草地	HC
德国鸢尾	疏松、肥沃和排水良好的含石灰质土壤	HC、CX
再力花	湖畔、河畔，以及河流、湖泊、池塘浅水处	HC

6.2.1　方案一设计

6.2.1.1　邻水层

在本层内种植再力花，种植面积为 5m×10m，种植密度为 25 株/m²。

6.2.1.2　中间层

在本层内种植德国鸢尾，种植面积为 5m×10m，种植密度为 30 株/m²。

6.2.1.3　岸线层

在本层内种植花叶芦竹，种植面积为 5m×10m，种植密度为 30 株/m²。

方案一中植物具体配置情况见表 6.2。

表 6.2　　　　　　　　　　　　方案一挺水植物配置表

位置	植物名称	面积/m²	种植密度/（株/m²）	数量/株
邻水层	再力花	50	25	1250
中间层	德国鸢尾	50	30	1500
岸线层	花叶芦竹	50	30	1500

6.2.2 方案二设计

6.2.2.1 邻水层

在本层内种植德国鸢尾，种植面积为 5m×10m，种植密度为 30 株/m²。

6.2.2.2 中间层

在本层内种植美人蕉、再力花、德国鸢尾。从美学角度考虑，将美人蕉和再力花点缀在该层的四角，两种花对角分布，德国鸢尾栽种在该层中部呈"S"形分布，总种植面积为 5m×10m。其中美人蕉种植面积为 8m²，种植密度为 16 株/m²；再力花种植面积为 22m²，种植密度为 25 株/m²；德国鸢尾种植面积为 20m²，种植密度为 30 株/m²。

6.2.2.3 岸线层

在本层内种植千屈菜，种植面积为 5m×10m，种植密度为 30 株/m²。

方案二中植物具体配置情况见表 6.3。

表 6.3　　　　　　　　　　　　方案二挺水植物配置表

位置	植物名称	种植面积/m²	种植密度/（株/m²）	数量/株
邻水层	德国鸢尾	50	30	1500
中间层	美人蕉	8	16	128
	再力花	22	25	550
	德国鸢尾	20	30	600
岸线层	千屈菜	50	30	1500

6.2.3 方案三设计

6.2.3.1 邻水层

在本层内种植千屈菜，种植面积为 5m×10m，种植密度为 30 株/m²。

6.2.3.2 中间层

在本层内种植再力花，种植面积为 5m×10m，种植密度为 25 株/m²。

6.2.3.3 岸线层

在本层内种植德国鸢尾，种植面积为 5m×10m，种植密度为 30 株/m²。

方案三中植物具体配置情况见表 6.4。

表 6.4　　　　　　　　　　　　方案三挺水植物配置表

位置	植物名称	种植面积/m²	种植密度/（株/m²）	数量/株
邻水层	千屈菜	50	30	1500
中间层	再力花	50	25	1250
岸线层	德国鸢尾	50	30	1500

6.3 引种栽植技术

栽种场地经平整后，已能完全满足植物栽植要求，且场地内无任何残留植物，需对第2章筛选出拟采用的千屈菜、德国鸢尾、再力花、美人蕉、花叶芦竹 5 种挺水植物，进行引种栽种。

6.3.1 千屈菜引种栽植技术

6.3.1.1 引种方法

本实验中对千屈菜采用分株法进行引种。当天气渐暖时（哈尔滨市为清明前后），将老株挖起，抖掉部分泥土，分清根的分枝点和休眠点，用快刀或锋利的铁锹切成若干丛，每丛有芽 4～7 个，另行栽植。注意在每个分株上保留芽点和休眠点。

6.3.1.2 栽植方法

千屈菜栽植一般株行距为 30cm×30cm，埋深 10cm 左右，以保持植株间的通透性。选择健壮植株，去掉部分叶片，根系全部栽入土中，将土压实，浇水保湿。由于千屈菜生长快，萌芽力强，耐修剪，种植时不能太密，哈尔滨市 5 月左右即可开始栽植。

6.3.2 德国鸢尾引种栽植技术

6.3.2.1 引种方法

本实验中对德国鸢尾采用分株法进行引种。分株时间最好选在春季花后 1～2 周内或初秋进行。分株前去除残花葶，截短叶丛 1/2～2/3，以减少新分株丛水分丢失；新分切的块茎，每份应保留 1 组芽丛与其下部生长旺盛的新根，清除茎端的老残根，将地上扇状叶片修剪成倒 V 形，保留 1/3～1/2，以利新丛发根。根茎粗壮的种类切口宜蘸草木灰或硫黄粉，搁置待切口稍干后再栽植，以防病菌感染。由于不同地区的气候条件差异很大，因此，在分栽的季节和时机上应根据鸢尾的生长发育规律来把握，特别是植株分栽后至生根前的 2～3 周的时间内，一定要控制浇水和尽量避开雨季，否则在分株栽培时形成的伤口极易使病菌侵入而使根茎腐烂。新分株丛最初 2～3 年生长茂盛，开花较多。

6.3.2.2 栽植方法

德国鸢尾在生长季节基本上都可进行移栽，但是最佳栽植时间应选在春季花后 1～2 周内或初秋根状茎再次由半休眠状态转至开始生长前进行。栽植前将叶片剪去一半（见图6.4），栽植株行距因植株高矮与冠幅大小而异，15～40cm 或 20～60cm 不等（见图 6.5），栽种密度为 36～49 株/m²。栽后压紧根茎，根茎顶部应露出土面。哈尔滨市 5 月左右即可开始栽植。

6.3.3 美人蕉引种栽种技术

6.3.3.1 引种方法

采用块茎繁殖法对美人蕉进行引种。块茎繁殖在 3—4 月进行，将老根茎挖出，分割成块状，每块根茎上保留 2～3 个芽，并带有根须，栽入土壤中 10cm 深左右，株距保持40～50cm，浇足水即可。

图6.4　栽植前修剪

图6.5　植物栽植

6.3.3.2　栽植方法

本实验中对美人蕉采用分株法进行引种。在4—5月，将老根茎挖出，分割成块状，每块根茎上保留2～3个芽，并带有根须。栽入土壤中10cm左右，株距保持40～50cm，浇足水即可。哈尔滨市5月左右即可开始栽植。

6.3.4　再力花引种栽种技术

6.3.4.1　引种方法

本实验中对再力花采用分株法进行引种。初春，从母株割下1～2个芽的根茎，栽入盘内，施足底肥，待长出新株。

6.3.4.2　栽植方法

圃地生产的栽植密度一般要大些，株行距可控制在1m×1m。本实验将栽植密度适当增大，株行距控制在0.6m×0.6m以利于快速成景，栽植时一般每丛10芽，由于再力花的地下茎粗壮，1年生植株的地下茎直径可达3～4cm，故栽植深度可达10cm。

6.3.5　花叶芦竹引种栽种技术

6.3.5.1　引种方法

本实验中对花叶芦竹采用分株法进行引种。挖出地下茎，清洗泥土和老根，用快刀切成块状，每块保留3～4个芽。

6.3.5.2　栽植技术

栽植时一般株行距40cm左右，埋深以没过根部为宜。哈尔滨市5月左右即可开始栽植。

6.4　后期管理技术

6.4.1　补植

植株在引种过程中会造成一定损伤，从而影响挺水植物的成活率；同时，栽植过程中操作不当等因素也会导致挺水植物成活率下降。为减轻这些人为因素对实验本身的影响，在挺水植物栽植1周后，对不满足栽植密度的植物进行了补植，见图6.6。

6.4.2　浇水

　　因挺水植物需水量较大，尤其是在栽种初期，水分的多少直接影响到其成活率的高低。故在栽种初期的第 1 个月内应每天对其进行浇水，见图 6.7；栽种 1 个月后，挺水植物缓苗期已结束，可适当降低浇水频率，改为每周浇水一次；进入雨季后，可不再进行浇水操作。

图 6.6　补植

图 6.7　浇水

6.4.3　除草

　　因挺水植物栽培初期植株较小，对土壤覆盖度较低，会导致栽种场地内生长杂草，见图 6.8。为避免杂草侵占挺水植物生长空间，争夺养分和水分，导致挺水植物死亡，在栽植初期的前 1 个月内，需对实验场地进行每周一次的定期除草，见图 6.9。栽种 1 个月后，除草工作视场地情况适当停止。

图 6.8　除草前

图 6.9　除草后

6.4.4　其他管理要求

6.4.4.1　千屈菜

　　定植后的管理比较粗放，一般没有病虫害，无需特殊养护。为加强通风，可剪除部分过密过弱枝以及开败的花穗。生长期应不断打顶，促其矮化。千屈菜一般不必施肥，若植株叶色泛黄，可酌情施饼肥水 2 次，经常保持土壤潮湿。为控制株高，生长期内可摘心1～2次。开花后剪去残花，以促进下一批花开放。10月下旬，剪去所有老枝，灌足冬水，促其越冬。

6.4.4.2 德国鸢尾

定植后的管理比较粗放，一般没有病虫害，无需特殊养护。开花前后可各施追一次肥，以磷、钾肥为主，肥料最好随水施浇。盛花期注意及时剪除残花。春季干旱地区，萌芽生长至开花阶段应保持土壤适度潮湿，以保证花、叶迅速生长发育对水的需要；花后，可不必特殊供水，多雨季节更要注意排水，以免导致根茎的腐烂。栽后若土壤较为湿润，不宜马上浇水，待3～5天根茎伤口稍干燥后再进行适度浇水。夏季降雨较多的地区应高畦（高垅）种植，并注意排涝。11月中旬浇一次封冻水。

6.4.4.3 美人蕉

定植后的管理比较粗放，一般没有病虫害，无需特殊养护。为通风透光，可剪除过高的生长枝和破损叶片，对过密株丛适当疏剪。

6.4.4.4 再力花

植株春季分株后，气温较低，一般要求保持较浅水位或只保持泥土湿润即可，其目的主要是为了提高土壤温度，以利萌芽。再力花植株被蜡质，抗性较强，一般很少发生病虫害。

6.4.4.5 花叶芦竹

定植后的管理比较粗放，一般没有病虫害，无需特殊养护。

6.5 小结

为给下一步研究千屈菜、德国鸢尾、美人蕉、再力花、花叶芦竹5种挺水植物的生长特性、适应性、净化能力、景观性及优化配置做好前期准备，本部分主要进行了以下内容的设计：

（1）在哈尔滨市内选择了450m² 的矩形地块作为栽种实验场地。

（2）参考已有栽种经验和园林设计理念，结合哈尔滨市典型河流特点和栽种场地特性，设计3种栽种方案，将挺水植物分成3层（邻水层、中间层、岸线层）分别进行设计。

（3）确定5种挺水植物栽植及后期管理应采用的技术。

7 哈尔滨市挺水植物生长特性研究

　　成活率、生长周期、生长速率、景观效果是挺水植物的重要特征，通过对这几项特征的研究，能便于掌握所筛选出的5种挺水植物对哈尔滨土壤和气候等条件的适宜性，为挺水植物的配置提供基础资料。

7.1　不同水生植物生长周期分析

　　生长周期是指每年随着气候变化，植物的生长发育表现出与外界环境因子相适应的形态和生理变化，并呈现出一定的规律性。通过生长周期的研究可以了解环境条件、栽培技术等对植物的生长影响。

7.1.1　不同水生植物缓苗时间分析

　　"缓苗期"是农业生产的术语，是指农作物、蔬菜、花卉、苗木等植物移栽后出现的一段适应环境的扎根活棵延缓生长的时间。农业生产中要求尽量缩短"缓苗期"或实现无"缓苗期"，常采用培育壮苗、带土移栽、足水定植和精心管理等技术措施，以保证植物移栽后少受或不受环境影响而能继续生长发育。根据植物种类以及花苗的状态不同，缓苗期少则一两天，多则1个月以上。缓苗期的长短在一定程度上反映了植物对环境的适应能力：对环境适应能力较强的植物，缓苗期较短，容易成活；相反，大型植物以及对环境要求较为苛刻的植物缓苗期相对较长。

　　将挺水植物移栽之后，从定植到完全成活所经历的过渡阶段称为缓苗阶段。这一过程的长短通过对植物持续的观察来确认，植物从刚刚移栽时的叶片下垂、茎秆倒伏、根部固土效果差直至叶片舒展、茎秆挺立、根系扎实，便可认为植物结束缓苗期，已完全成活。从2014年5月23日植物栽种开始到2014年6月13日，这一段时间5种植物均结束缓苗期。在这一阶段中，各植物均出现了少量黄叶、落叶、生长停滞的情况。5种植物在缓苗期的生长情况见图7.1。

（a）千屈菜　　　　（b）德国鸢尾　　　　（c）美人蕉　　　　（d）再力花　　　　（e）花叶芦竹

图 7.1　不同植物缓苗期生长状况

千屈菜在 5 月 23 日至 6 月 1 日这 10 天的缓苗期内，老叶枯萎速度较快，应激反应较为强烈，根的萌蘖能力较强，能够很快萌发出新芽，充分说明千屈菜对栽种环境具有较强的适应能力。再力花因茎秆本身较细，在缓苗期内茎秆倒伏现象较为严重，但保证缓苗期水分的供给后，这种现象有明显的改善，在栽种后 13 天结束缓苗期。美人蕉在缓苗期内并未出现十分明显的变化，植株生长情况相对正常，叶片出现零星枯黄现象，但也在较短时间内恢复，缓苗时间为 15 天。德国鸢尾在栽种后 7 天的时间里，出现了明显的叶片枯黄和植株倒伏的现象，随着植株的生长，这种现象在之后的缓苗时间中有了一定的改善，通过观察，德国鸢尾在栽种 18 天后结束缓苗期。花叶芦竹的缓苗期为 22 天，明显高于其他 4 种植物，其中一个原因是，花叶芦竹本身对栽种环境的适应能力较差，需要通过较长的缓苗期才能成活；另一个原因是，花叶芦竹样地内杂草较多，与植株争吸营养，影响了花叶芦竹的萌芽。

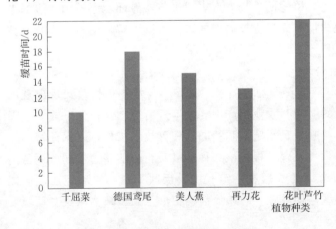

图 7.2　不同挺水植物缓苗时间对比

不同挺水植物的缓苗期时间见图 7.2。从图 7.2 可以看出，5 种植物的缓苗期长短依次为千屈菜（10 天）＜再力花（13 天）＜美人蕉（15 天）＜德国鸢尾（18 天）＜花叶芦竹（22 天）。在外界环境完全相同的条件下，千屈菜、德国鸢尾、美人蕉、再力花 4 种植物的缓苗期均在 20 天以内，时间相对较短，其中千屈菜的缓苗期最短。

在千屈菜、德国鸢尾、美人蕉、再力花、花叶芦竹 5 种挺水植物缓苗期结束后，通过观察，对 5 种挺水植物的成活率进行计算、分析，观察过程中，认为叶片舒展、茎秆挺立、根系扎实的植物完全成活，而其他植物则认定其死亡。对比不同植物成活率的差异，分析造成成活率不同的原因，比较各种植物在成活率这一指标上的优劣，确定其栽种适宜性。各种植物成活情况见表 7.1、图 7.3 和图 7.4。

表 7.1　　　　　　　　　　　　　不同挺水植物成活情况

植物名称	栽种数量/株	成活数量/株	成活率/%
千屈菜	3000	2900	96.7
德国鸢尾	5100	4753	93.2
美人蕉	128	118	92.2
再力花	3050	2793	91.6
花叶芦竹	1500	733	48.9

从表 7.1 和图 7.3 中可以看出，花叶芦竹成活率明显低于其他 4 种植物，成活率仅为 48.9%。因实验场地内水分、养分和光照条件均相同，初步分析造成花叶芦竹成活率过低的原因是其在成活过程中需水量大于其他 4 种植物；且在除草过程中发现，花叶芦竹样地内，杂草（主要为龙葵、灰菜、草地早熟禾、黄花蒿等）明显多于其他样地，杂草的生长会争夺本已贫瘠的土壤中养分和水分，给花叶芦竹的生长造成较大压力。

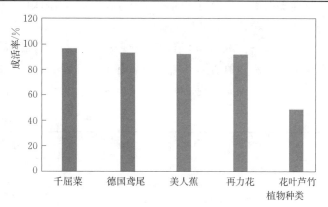

图 7.3　不同挺水植物成活率对比

与花叶芦竹相比，其他 4 种植物成活率相对较高，见图 7.4，均达到了 90% 以上，实际成活密度与栽种密度相差不大，能够达到实验要求，说明千屈菜、德国鸢尾、美人蕉、再力花对实验地土壤的适应能力较强。尤其是千屈菜，其成活率达到了 96.7%，样地内杂草要少于其他植物样地内杂草，长势优于其他植物；萌发能力较强，先于其他植物使土壤郁闭。5 种植物的成活率依次为千屈菜（96.7%）＞德国鸢尾（93.2%）＞美人蕉（92.2%）＞再力花（91.6%）＞花叶芦竹（48.9%）。

（a）千屈菜　　　　（b）德国鸢尾　　　　（c）美人蕉　　　　（d）再力花　　　　（e）花叶芦竹

图 7.4　不同挺水植物成活情况

从上述实验结果可以看出，千屈菜较其他 4 种植物在成活率方面表现出一定的优势。千屈菜即使在较贫瘠的土壤中也有较高的成活率，且样地内杂草少，初步认为千屈菜对土壤的要求较低，是一种适用于哈尔滨市土壤环境栽植的挺水植物。而花叶芦竹成活率较低，不足 50%，成活密度较小，初步认为花叶芦竹对贫瘠土壤的适应能力较差，对土壤类型要求较高。

7.1.2　不同水生植物花期分析

花期是指当花的各部分发育成熟时，从花朵开放，雌、雄蕊从花被中暴露出来，至完成传粉和受精作用，花朵凋谢的一段时期。花期的长短因作物不同而有很大差异。植物在开花期要求适宜的温度和充足的阳光，低温和阴雨等不良条件均会影响开花、传粉和受精，造成落花、落果和空秕粒。

在正常条件下，5 种植物花期见表 7.2，但是由于哈尔滨市年平均温度较低，已有研究显示，各植物的实际开花时间会有不同程度的延迟，延迟时间约为 1 个月，某些植物的花期也会因低温而出现缩短，甚至出现无法开花等极端现象。

表 7.2　　　　　　　　　　　　　正常条件下 5 种植物花期

植物种类	花期	植物种类	花期
千屈菜	6—9 月	再力花	5—9 月
德国鸢尾	5—6 月	花叶芦竹	9—10 月
美人蕉	6—10 月		

研究表明，千屈菜、美人蕉、再力花的花期均延迟了 1 个月左右，千屈菜花期为 2014 年 7 月 6 日至 2014 年 9 月 12 日、美人蕉花期为 2014 年 7 月 11 日至 2014 年 10 月 16 日、再力花花期为 2014 年 6 月 30 日至 2014 年 9 月 22 日。德国鸢尾和花叶芦竹在栽种直至凋落的整个过程中，并未开花，因为这两种植物本身花期较短，一年中仅有很短的时间开花供观赏，其余时间多为赏叶植物，且哈尔滨市温度较低，不满足其开花所需的气候要求，所以并未观察到这两种植物开花。5 种挺水植物开花情况和花期长短对比见图 7.5 和图 7.6。

　　　（a）千屈菜　　　　　　　（b）美人蕉　　　　　　　（c）再力花

图 7.5　5 种挺水植物开花情况

从图 7.6 可以看出，美人蕉花期较其他两种植物稍长，这是由美人蕉本身的生物学特性所决定的，另外也说明了美人蕉对当地土壤和气候的适应能力较强。5 种植物的花期长短依次为美人蕉（97 天）＞再力花（84 天）＞千屈菜（70 天）＞德国鸢尾（0 天）＝花叶芦竹（0 天）。

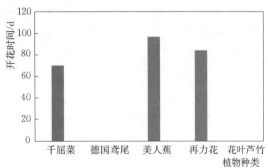

图 7.6　5 种挺水植物花期长短对比

7.1.3　不同水生植物枯萎（凋落）期分析

植物生长到一定阶段以后，会逐渐失去水分和生机，从而开始枯萎，直至凋落，因枯萎和凋落这两个过程在实验中很难区分，所以将这两个过程合并起来，作为植物生长周期中一个完整的过程进行分析。

5 种挺水植物的枯萎特点不尽相同，其中千屈菜和再力花最早开始枯萎，且千屈菜全部凋落时间较早，而德国鸢尾和花叶芦竹这两种并未开花的植物开始枯萎的时间相对较晚，千屈菜枯萎（凋落）期为 2014 年 9 月 22 日至 2014 年 11 月 1 日、德国鸢尾枯萎（凋落）期为 2014 年 10 月 21 日至 2014 年 11 月 7 日、美人蕉枯萎（凋落）期为 2014 年 9 月 30 日至 2014 年 10 月 21 日、再力花枯萎（凋落）期为 2014 年 9 月 22 日至 2014 年 11 月 7 日、花叶芦竹枯萎（凋落）期为 2014 年 10 月 21 日至 2014 年 11 月 7 日。5 种植物枯萎（凋落）期长短对比见图 7.7。

从图 7.7 可以看出，千屈菜和再力花的枯萎（凋落）期明显高于其他 3 种植物，其中再力花枯萎（凋落）期最长，德国鸢尾和花叶芦竹两种植物枯萎（凋落）期最短，在一定程度上也弥补了其

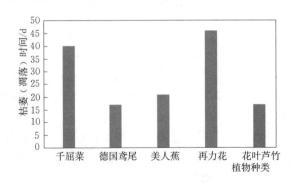

图 7.7　5 种植物枯萎（凋落）期长短对比

未开花对于景观的影响，5 种植物的枯萎（凋落）期依次为德国鸢尾（17 天）＝花叶芦竹（17 天）＜美人蕉（21 天）＜千屈菜（40 天）＜再力花（47 天）。

7.2　不同挺水植物生长速率分析

生长速率指单位时间的植物的生长速度，其数值在一定程度上可以反映植物的生长特征及对环境的适应程度。本文中所提到的生长速率均为挺水植物在生长期内的相对生长速率，即单位时间内的增加量占原有数量的比值，统一用单位时间内植株高度（根系长度）生长率表示。

7.2.1　不同挺水植物植株高度分析

在栽种植物时，记录其初始高度。因植物栽种初期属于缓苗期，植物生长较为缓慢，

在栽种后的前 2 个月内每月测量植株高度一次，栽种 2 个月后每两周测量植株高度一次，直至植物枯萎。

本实验跨度为 160 天，共进行高度测量 17 次，每种植物每次测量 10 株，取其平均值，并计算其标准偏差。

7.2.1.1 千屈菜植株高度模型

千屈菜生长期内植株高度变化见图 7.8。

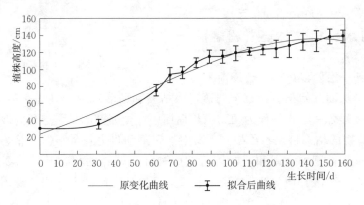

图 7.8　千屈菜生长期内植株高度变化曲线

栽种伊始，千屈菜初始高度为 30.0cm，测量结束时最终高度为 139.1cm，共生长 109.1cm，生长率为 363.3%。从图 7.8 可以看出，千屈菜的生长基本集中在栽种后 89 天内，而后的曲线变化趋于平稳。说明千屈菜的生长主要集中在栽种后约 3 个月内，这段时间内的温度和降水条件较适合千屈菜的生长，此时主要进行营养生长；而花期开始后，千屈菜主要进行生殖生长，植株生长速度变慢。

根据千屈菜生长期内植株高度变化曲线，拟合了千屈菜植株高度模型，模型为三次曲线，见式 7.1，经计算，曲线拟合后的确定系数 $R^2 = 0.9665$，曲线拟合程度较好，说明该三次曲线可以用于解释千屈菜在生长期内植株高度的变化。

千屈菜植株高度模型为

$$y = -0.00004x^3 + 0.0064x^2 + 0.6759x + 24.308 \tag{7.1}$$

式中：x 为千屈菜生长时间，d；y 为千屈菜植株高度，cm。

7.2.1.2 德国鸢尾植株高度模型

德国鸢尾生长期内植株高度变化见图 7.9。

栽种伊始，德国鸢尾初始高度为 30.0cm，测量结束时最终高度为 106.7cm，共生长 76.7cm，生长率为 255.7%。从图 7.9 可以看出，德国鸢尾在栽种 89 天内的生长速率较快，生长率为 170.3%，而后生长曲线趋于平稳。

根据德国鸢尾生长期内植株高度变化曲线，拟合了德国鸢尾植株高度模型，模型为三次曲线，见式 7.2，经计算，曲线拟合后的确定系数 $R^2 = 0.9849$，曲线拟合程度较好，说明该三次曲线可以用于解释德国鸢尾在生长期内植株高度的变化。

德国鸢尾植株高度模型为

$$y = -0.00002x^3 + 0.0044x^2 + 0.2605x + 28.709 \tag{7.2}$$

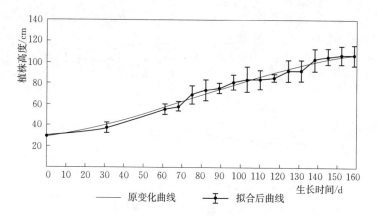

图 7.9　德国鸢尾生长期内植株高度变化曲线

式中：x 为德国鸢尾生长时间，d；y 为德国鸢尾植株高度，cm。

7.2.1.3　美人蕉植株高度模型

美人蕉生长期内植株高度变化见图 7.10。

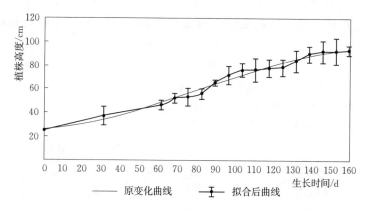

图 7.10　美人蕉生长期内植株高度变化曲线

栽种伊始，美人蕉初始高度为 25.0cm，测量结束时最终高度为 93.0cm，为 5 种植物中的最矮植株，共生长 68.0cm，生长率为 272.0%。从图 7.10 可以看出，美人蕉在整个生长期内生长速度趋于平稳，在第 145～159 天的两周时间内，生长高度仅为 0.9cm，可以认为美人蕉在第 145 天后已停止生长。

根据美人蕉生长期内植株高度变化曲线，拟合了美人蕉植株高度模型，模型为三次曲线，见式 (7.3)，经计算，曲线拟合后的确定系数 $R^2 = 0.9859$，曲线拟合程度较好，说明该三次曲线可以用于解释美人蕉在生长期内植株高度的变化。

美人蕉植株高度模型为

$$y = -0.00002x^3 + 0.0056x^2 + 0.1153x + 25.928 \tag{7.3}$$

式中：x 为美人蕉生长时间，d；y 为美人蕉植株高度，cm。

7.2.1.4　再力花植株高度模型

再力花生长期内植株高度变化见图 7.11。

栽种伊始，再力花初始高度为 30.0cm，测量结束时最终高度为 112.3cm，共生长

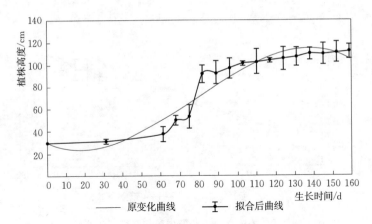

图 7.11　再力花生长期内植株高度变化曲线

82.3cm，生长率为 274.3％。从图 7.11 可以看出，再力花在栽植后第 75～82 天有一个明显的生长过程，此时的温度和降水条件适合再力花的生长。而在此以外的时间，植株生长曲线变化十分平缓，生长速度较慢，这种现象主要是由于气候变化引起的。另外，由于再力花进入花期后，主要进行生殖生长，这一阶段中，植株的生长速度会明显变慢。

　　根据再力花生长期内植株高度变化曲线，拟合了再力花植株高度模型，模型为三次曲线，见式（7.4），经计算，曲线拟合后的确定系数 $R^2＝0.9259$，曲线拟合程度较好，说明该三次曲线可以用于解释再力花在生长期内植株高度的变化。

　　再力花植株高度模型为

$$y＝-0.0001x^3＋0.0243x^2－0.7479x＋29.669 \tag{7.4}$$

式中：x 为再力花生长时间，d；y 为再力花植株高度，cm。

7.2.1.5　花叶芦竹植株高度模型

花叶芦竹生长期内植株高度变化见图 7.12。

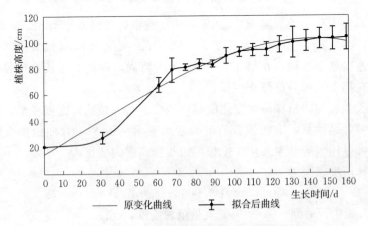

图 7.12　花叶芦竹生长期内植株高度变化曲线

　　栽种伊始，花叶芦竹初始高度为 20.0cm，测量结束时最终高度为 103.8cm，共生长 83.8cm，生长率为 419.0％。从图 7.12 可以看出，花叶芦竹在栽种后的第 30～60 天，植株生长速率较快，由 26.9cm 生长到 67.6cm，共生长 40.7cm，占整个生长期内生长高度的 48.6%。第 130 天后生长速率明显变慢，4 周的时间内，仅生长 3.8cm。

根据花叶芦竹生长期内植株高度变化曲线，拟合了花叶芦竹植株高度模型，模型为三次曲线，见式（7.5），经计算，曲线拟合后的确定系数 $R^2 = 0.9630$，曲线拟合程度较好，说明该三次曲线可以用于解释美人蕉在生长期内植株高度的变化。

花叶芦竹植株高度模型为

$$y = -0.00002x^3 + 0.0015x^2 + 0.8139x + 15.206 \qquad (7.5)$$

式中：x 为花叶芦竹生长时间，d；y 为花叶芦竹植株高度，cm。

7.2.2 不同水生植物根系长度分析

因测量根系长度需将植物挖出测量，对植物会造成一定的伤害，所以测量间隔不宜过于密集。在栽种植物时，记录植物初始根长，此后每隔 1 个月测量一次，实验跨度为 152 天，共测量植物根系长度 6 次，每种植物每次测量 10 株，取其平均值，并计算其标准偏差。

7.2.2.1 千屈菜根系长度模型

千屈菜生长期内根系长度变化见图 7.13。

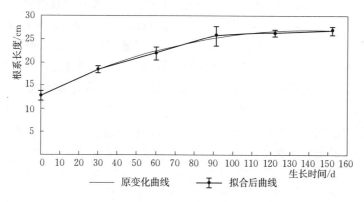

图 7.13　千屈菜生长期内根系长度变化曲线

栽种伊始，千屈菜初始根系长度为 12.8cm，测量结束时最终长度为 26.9cm，共生长 14.1cm，生长率为 109.7%。由图 7.13 可以看出，千屈菜缓苗时间较短，在整个实验过程中根系生长速度趋于平稳，根系的生长集中在栽种后 91 天，随后的 2 个月时间中，曲线变化接近平行于 x 轴的直线，几乎停止生长。这是由于千屈菜生长初期为营养生长，根系在这一时期内会迅速生长；而后千屈菜开始生殖生长，根系生长速率下降，且随着温度的降低，生长速率也会受到一定影响。

根据千屈菜生长期内根系长度变化曲线，拟合了千屈菜根系长度模型，模型为二次曲线，见式（7.6），经计算，曲线拟合后的确定系数 $R^2 = 0.9963$，曲线拟合程度较好，说明该二次曲线可以用于解释千屈菜在生长期内根系长度的变化。

千屈菜根系长度模型为

$$y = -0.0007x^2 + 0.2037x + 12.889 \qquad (7.6)$$

式中：x 为千屈菜生长时间，d；y 为千屈菜根系长度，cm。

7.2.2.2　德国鸢尾根系长度模型

德国鸢尾生长期内根系长度变化见图7.14。

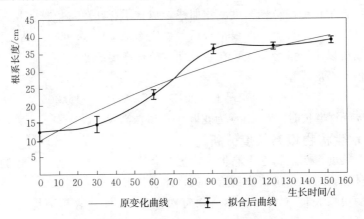

图 7.14　德国鸢尾生长期内根系长度变化曲线

栽种伊始，德国鸢尾初始根系长度为 12.4cm，测量结束时最终长度为 38.9cm，共生长 26.5cm，生长率为 213.1%。由图 7.14 可以看出，德国鸢尾在开始栽种的 1 个月内，根系生长曲线变化较小，因为在这一阶段德国鸢尾处于缓苗期，生长速度缓慢；而在随后的 61 天时间内，由于这 2 个月内温度条件适宜，且降水较多，德国鸢尾根系出现了一个迅速生长的过程，共生长了 21.9cm；第 120 天后，德国鸢尾根系生长缓慢乃至已经停止生长。

根据德国鸢尾生长期内根系长度变化曲线，拟合了德国鸢尾根系长度模型，模型为二次曲线，见式（7.7），经计算，曲线拟合后的确定系数 $R^2 = 0.9306$，曲线拟合程度较好，说明该二次曲线可以用于解释德国鸢尾在生长期内根系长度的变化。

德国鸢尾根系长度模型为

$$y = -0.0007x^2 + 0.3037x + 9.8544 \tag{7.7}$$

式中：x 为德国鸢尾生长时间，d；y 为德国鸢尾根系长度，cm。

7.2.2.3　美人蕉根系长度模型

美人蕉生长期内根系长度变化见图7.15。

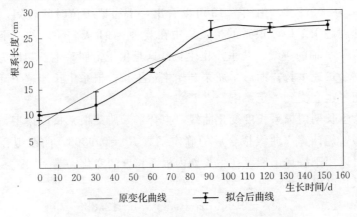

图 7.15　美人蕉生长期内根系长度变化曲线

栽种伊始，美人蕉初始根系长度为 10.2cm，测量结束时最终长度为 27.1cm，共生长16.9cm，生长率为 166.3%。由图 7.15 可以看出，美人蕉在开始栽种的 1 个月内，根系生长曲线变化较小，因为在这一阶段美人蕉处于缓苗期，生长速度缓慢；而在随后的 61天时间内，由于这两个月内温度条件适宜，且降水较多，美人蕉根系出现了一个迅速生长的过程，共生长了 14.5cm；第 120 天后，美人蕉根系生长缓慢乃至已经停止生长。

根据美人蕉生长期内根系长度变化曲线，拟合了美人蕉根系长度模型，模型为二次曲线，见式（7.8），经计算，曲线拟合后的确定系数 $R^2=0.9352$，曲线拟合程度较好，说明该二次曲线可以用于解释美人蕉在生长期内根系长度的变化。

美人蕉根系长度模型为

$$y=-0.0007x^2+0.23x+8.4864 \tag{7.8}$$

式中：x 为美人蕉生长时间，d；y 为美人蕉根系长度，cm。

7.2.2.4 再力花根系长度模型

再力花生长期内根系长度变化见图 7.16。

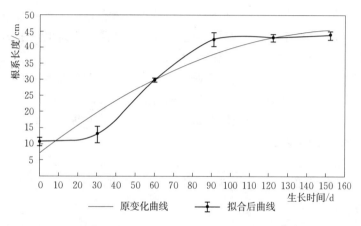

图 7.16 再力花生长期内根系长度变化曲线

栽种伊始，再力花初始根系长度为 10.7cm，测量结束时最终长度为 43.9cm，共生长33.2cm，生长率为 309.3%。由图 7.16 可以看出，再力花在开始栽种的 1 个月内，根系生长曲线变化较小，因为在这一阶段再力花处于缓苗期，生长速度缓慢；而在随后的 61天时间内，由于这 2 个月内温度条件适宜，且降水较多，共生长了 29.5cm；第 120 天后，再力花根系生长缓慢乃至已经停止生长。

根据再力花生长期内根系长度变化曲线，拟合了再力花根系长度模型，模型为二次曲线，见式（7.9），经计算，曲线拟合后的确定系数 $R^2=0.9294$，曲线拟合程度较好，说明该二次曲线可以用于解释再力花在生长期内根系长度的变化。

再力花根系长度模型为

$$y=-0.0015x^2+0.472x+7.0314 \tag{7.9}$$

式中：x 为再力花生长时间，d；y 为再力花根系长度，cm。

7.2.2.5 花叶芦竹根系长度模型

花叶芦竹生长期内根系长度变化见图 7.17。

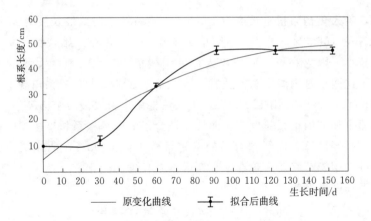

图 7.17 花叶芦竹生长期内根系长度变化曲线

栽种伊始，花叶芦竹初始根系长度为 9.8cm，测量结束时最终长度为 47.2cm，共生长 37.4cm，生长率为 381.1％。由图 7.17 可以看出，花叶芦竹在开始栽种的 1 个月内，根系生长曲线变化较小，因为在这一阶段花叶芦竹处于缓苗期，生长速度缓慢；而在随后的 61 天时间内，由于这两个月内温度条件适宜，且降水较多，共生长了 35.0cm；第 120 天后，花叶芦竹根系生长缓慢乃至已经停止生长。

根据花叶芦竹生长期内根系长度变化曲线，拟合了花叶芦竹根系长度模型，模型为二次曲线，见式（7.10），经计算，曲线拟合后的确定系数 $R^2 = 0.9194$，曲线拟合程度较好，说明该二次曲线可以用于解释花叶芦竹在生长期内根系长度的变化。

花叶芦竹根系长度模型为

$$y = -0.0019x^2 + 0.5783x + 5.2391 \tag{7.10}$$

式中：x 为花叶芦竹生长时间，d；y 为花叶芦竹根系长度，cm。

7.3 挺水植物景观效果分析

不同高度的挺水植物能凸显出层次的错落有致，不同花期的挺水植物能造就不同的色彩组合。针对本文中设计的 3 种挺水植物配置方案，选取了植株高度、植株颜色、花量、花色 4 个指标，对不同时期，各方案水生植物的景观效果进行评价，为利用挺水植物构建河岸带、湿地等景观构建提供依据。

7.3.1 方案一景观效果分析

在方案一中，由于岸线层花叶芦竹成活率较低，没有达到理想密度，影响了整个方案的景观效果。

方案一各项景观指标见表 7.3。

由表 7.3 可知，2014 年 6 月，即植物栽种约 1 个月后，从植株高度这一指标来看，岸线层和邻水层植株高度较矮，中间层德国鸢尾稍高于其他两层，整体景观呈现中间高两端低的状态；从植株颜色这一指标来看，此时岸线层花叶芦竹为幼苗阶段，为黄白相间条纹，其他两层均为绿色，但由于花叶芦竹密度较小，所以颜色差异并不明显；从花量这一指标来看，3个层次均未开花。

表7.3 方案一各项景观指标表

景观指标	栽种层次	植物种类	日 期		
			2014年6月	2014年8月	2014年10月
植株高度/cm	邻水层	再力花	31.2	97	111.5
	中间层	德国鸢尾	37.5	81.1	106.7
	岸线层	花叶芦竹	26.9	89.8	103.1
植株颜色	邻水层	再力花	绿	绿	绿，少量枯黄
	中间层	德国鸢尾	绿	绿	绿
	岸线层	花叶芦竹	浅黄＋白	绿＋白	绿＋白
花量/％	邻水层	再力花	0	90	0
	中间层	德国鸢尾	0	0	0
	岸线层	花叶芦竹	0	0	0
花色	邻水层	再力花	—	堇紫	—
	中间层	德国鸢尾	—	—	—
	岸线层	花叶芦竹	—	—	—

2014年8月，即植物栽种约3个月后，从植株高度这一指标来看，邻水层植株高度高于其他两层，呈现出坡下高于坡上的状态，在一定程度上影响视线；从植株颜色这一指标来看，此阶段的花叶芦竹已变为白绿相间的条纹，其他两层为绿色，这一时期的绿色则更为明显；从花量这一指标来看，此时刚好处于再力花的花期，邻水层的花量达到了90％，增强了这一层次的观赏性，但由于再力花属于复总状花序，花集中在植株最顶端，花量略显稀薄，而其他层均未开花；从花色这一指标来看，邻水层再力花为堇紫色，花色清新，具有一定的观赏价值。

2014年10月，即植物栽种约5个月后，这一阶段已经接近植物生长末期，从植株高度这一指标来看，3个层次植株高度相差无几，缺少层次感；从植株颜色这一指标来看，中间层和岸线层植株依然全部为绿色，而邻水层的再力花仅有少量枯黄，颜色上相对较为美观；从花量这一指标来看，这个阶段再力花的花期已过，所有花全部凋谢，而其他两层依旧并未开花。

综合对方案一各项景观指标的定性和定量分析，方案一的景观效果较差，如单就景观效果来看，并不适合用于挺水植物的景观构建。

7.3.2 方案二景观效果分析

方案二的中间层具有一定层次感，使用了3种植物进行设计。

方案二各项景观指标见表7.4。

由表7.4可知，2014年6月，即植物栽种1个月后，从植株高度这一指标来看，3个层次高度相差不大；从植株颜色这一指标来看，3个层次全部为绿色；从花量这一指标来看，3个层次均未开花。

表 7.4   方案二各项景观指标表

景观指标	栽种层次	植 物 种 类	日 期		
			2014 年 6 月	2014 年 8 月	2014 年 10 月
植株高度/cm	邻水层	德国鸢尾	37.5	81.1	106.7
	中间层	美人蕉＋再力花＋德国鸢尾	37.5/31.2/37.5	72.1/97.0/81.1	92.8/111.5/106.7
	岸线层	千屈菜	35.6	115.4	138.5
植株颜色	邻水层	德国鸢尾	绿	绿	绿
	中间层	美人蕉＋再力花＋德国鸢尾	绿	绿	少量枯黄
	岸线层	千屈菜	绿	绿	暗红
花量/%	邻水层	德国鸢尾	0	0	0
	中间层	美人蕉＋再力花＋德国鸢尾	0	75	0
	岸线层	千屈菜	0	95	0
花色	邻水层	德国鸢尾	—	—	—
	中间层	美人蕉＋再力花＋德国鸢尾	—	黄，堇紫	—
	岸线层	千屈菜	—	紫红	—

　　2014 年 8 月，即植物栽种约 3 个月后，从植株高度这一指标来看，此阶段的层次十分分明，植株高度从邻水层到中间层再到岸线层依次升高，具有一定的梯度；从植株颜色这一指标来看，这个阶段 3 个层次均为绿色，但绿色又不尽相同，植株形态亦有不同，远望不同层次有着强烈的对比；从花量这一指标来看，这个阶段是美人蕉、再力花和千屈菜的花期，中间层的德国鸢尾并未开花，但这一层花量依然达到了 75%，两种开花植物将一种未开花植物包围其中，极具观赏价值，而岸线层千屈菜的花量更是高达 95%，且千屈菜花密度极大，将此层变成了一片花田；从花色这一指标来看，整个方案花色搭配十分协调，有中间层美人蕉的黄色和再力花的堇紫色，也有岸线层千屈菜的紫红色，使整个景观分外迷人。

　　2014 年 10 月，即植物栽种约 5 个月后，这一阶段已经接近植物生长末期，从植株高度这一指标来看，3 个层次依然保留着一定层次感；从植株颜色这一指标来看，邻水层德国鸢尾依然翠绿，中间层再力花有少量枯黄，但由于再力花本身栽种数量较少，并未影响整体观赏效果，值得一提的是这一时期的千屈菜，整个植株和叶片均变成了暗红色，给这一方案增加了另一种色彩，在各种植物都已渐失生机的季节，大大增强了其观赏功能；从花量这一指标来看，这个阶段美人蕉、再力花和千屈菜的花期已过，中间层和岸线层花已全部凋谢，而邻水层德国鸢尾依旧未开花。

　　综合对方案中各项景观指标的定性和定量分析，方案二无论是植物本身还是方案设计，都有着较强的观赏效果，如单就景观效果来看，适合用于河岸缓冲带、湿地等景观构建。

7.3.3　方案三景观效果分析

　　方案三的设计较为保守，整个生长过程中，景观效果没有明显缺点，较为符合大众的审美。

方案三各项景观指标见表 7.5。

表 7.5 方案三各项景观指标表

景观指标	栽种层次	植物种类	日 期		
			2014 年 6 月	2014 年 8 月	2014 年 10 月
植株高度/cm	邻水层	千屈菜	35.6	81.1	106.7
	中间层	再力花	31.2	97	111.5
	岸线层	德国鸢尾	37.5	115.4	138.5
植株颜色	邻水层	千屈菜	绿	绿	暗红
	中间层	再力花	绿	绿	少量枯黄
	岸线层	德国鸢尾	绿	绿	绿
花量/%	邻水层	千屈菜	0	95	0
	中间层	再力花	0	95	0
	岸线层	德国鸢尾	0	0	0
花色	邻水层	千屈菜	—	紫红	—
	中间层	再力花	—	堇紫	—
	岸线层	德国鸢尾	—	—	—

由表 7.5 可知，2014 年 6 月，即植物栽种约 1 个月后，从植株高度这一指标来看，三个层次高度相差不大；从植株颜色这一指标来看，3 个层次全部为绿色；从花量这一指标来看，三个层次均未开花。

2014 年 8 月，即植物栽种约 3 个月后，从植株高度这一指标来看，这一阶段的层次分明，植株高度从邻水层到中间层再到岸线层依次升高，具有一定的梯度；从植株颜色这一指标来看，这个阶段三个层次均为绿色，但绿色程度不尽相同，加之植株形态不同，使各层次在色彩上存在一定的对比；从花量这一指标来看，这个阶段是千屈菜和再力花的花期，邻水层和中间层花量均高达 95%，且千屈菜花密度极大，与再力花的稀疏形成了对比，给人以感官落差，具有一定的观赏价值，而上方岸线层的德国鸢尾并未开花；从花色这一指标来看，千屈菜和再力花均属紫色系，邻水层为紫红色，中间层为堇紫色，一深一浅、一密一疏，错落有致。

2014 年 10 月，即植物栽种约 5 个月后，这一阶段已经接近植物生长末期，从植株高度这一指标来看，3 个层次依然保留着一定层次感；从植株颜色这一指标来看，邻水层千屈菜的暗红色，增加了秋日的气息，是方案三中的亮点，中间层再力花有少量枯黄，使这一层次略显萧条，但并不影响整体的景观效果，岸线层德国鸢尾并未受到秋日低温的影响，依然翠绿；从花量这一指标来看，这个阶段千屈菜和再力花的花期已过，邻水层和中间层所有花全部凋谢，岸线层德国鸢尾并未开花。

综合对方案各项景观指标的定性和定量分析，方案三有着较强的观赏效果，如单就景观效果来看，适合用于河岸缓冲带、湿地等景观构建。

8

哈尔滨市挺水植物净化能力研究

净化河流水质是挺水植物的重要生态功能，挺水植物不但能直接吸收水体中的营养物质，而且还能输送氧气到根区，为微生物的生长、繁殖和污染物降解创造适宜条件（蒋跃平等，2005）。不同种类植物生长习性的不同，会导致其对水体中营养物质的截留、吸收效果有较大差异。深入研究不同挺水植物对水体中氮、磷元素及化学需氧量等营养物质的去除效果，有利于对其进行合理的配置和设计，对于充分发挥挺水植物的生态作用有着重要的意义（宋思铭，2012）。

8.1 实验设计

将千屈菜、德国鸢尾、再力花、美人蕉、花叶芦竹5种植物于2014年8月3日分别移栽入桶中，桶中注入等量水，并测定初始水质指标值。为减小实验误差，每种植物设1个重复样，同时设两桶空白对照组，对照组桶内除无植物外，其他条件与实验组完全相同。植物栽植后，每隔10天取样一次，每个水样为500mL，该实验于2014年9月23日结束，历时60天，包括初始水样在内共需取水样6次，每次取样后需及时测定。

8.2 测定指标及方法

根据哈尔滨市水体的主要污染物类型特征，选取了 pH 值、COD、TP、TN 共 4 个水质指标。

8.2.1 所选指标

8.2.1.1 pH 值

pH 值是指水体中氢离子浓度，即水体中氢离子的总数和总物质的量的比。pH 值是水溶液最重要的理化参数之一。凡涉及水溶液的自然现象、化学变化以及生产过程都与 pH 值有关，因此，在工业、农业、医学、环保和科研领域都需要测量 pH 值。

8.2.1.2 COD

化学需氧量 COD（Chemical Oxygen Demand）是以化学方法测量水样中需要被氧化的还原性物质的量。它反映了水中受还原性物质污染的程度，是测定水体中有机物相对含量的综合指标之一。

8.2.1.3 TP

磷元素是植物生长的必须元素，在植物吸收及同化作用下可以转化成植物体内各种有机物，TP 是水样经消解后将各种形态的磷转变成正磷酸盐后测定的结果。

8.2.1.4 TN

TN 是指水体中各种形态无机氮和有机氮的总量，其中包括 NO_3^-、NO_2^- 和 NH_4^+ 等无机氮和蛋白质、氨基酸和有机胺等有机氮，常被用来表示水体受营养物质污染的程度。

8.2.2 测定方法

本书中所选各水质指标均严格按照国家和环保部相关标准测定，各水质指标的测定方法见表 8.1。

表 8.1　　　　　　　　　　　　　　水 质 测 定 方 法

指标	方　　法
pH	《水质　pH 值的测定　玻璃电极法》（GB 6920—86）
COD	《水质　化学需氧量的测定　快速消解分光光度法》（HJ/T 399—2007）
TP	《水质　总磷的测定　钼酸铵分光光度法》（GB 11893—89）
TN	《水质　总氮的测定　碱性过硫酸钾消解紫外分光光度法》（HJ 636—2012）

8.3　不同挺水植物对水体净化效果

8.3.1　不同挺水植物对 pH 值的影响

不同挺水植物水体中 pH 值变化见图 8.1。从图 8.1 中可以看出，无植物栽种的对照组 pH 值在实验的 50 天内均呈上升状态，pH 值由最初的 8.23 上升到 9.59。在 5 组有植物的水体中，pH 值变化范围要小于对照组，整个实验过程中 pH 值均维持在 7.5～9 之间，水体呈弱碱性，整体来看，有植物水体中 pH 值明显低于无植物水体，这种情况的产生是水生植物对 NH_4^+-N 吸收的结果，植物根系能够吸收水体中的 NH_4^+ 离子，同时向水体中不断释放 H^+，另外，硝化作用进行的过程中也会有 H^+ 生成，导致水体酸性增强，pH 值减小（宋思铭，2012）。不同植物水体中 pH 值变化规律各异，50 天实验结束后，美人蕉和再力花水体中 pH 值略有上升，其中美人蕉水体 pH 值为 8.50，再力花水体 pH 值 8.82。千屈菜、德国鸢尾、花叶芦竹 3 种植物水体中 pH 值相比初始值均呈下降趋势，从图 8.1 中可以看出，千屈菜和德国鸢尾水体中 pH 值变化趋势完全相同，说明这两种植物对水体中 pH 值的影响过程相似，实验结束后，这 3 种植物水体中 PH 值分别为

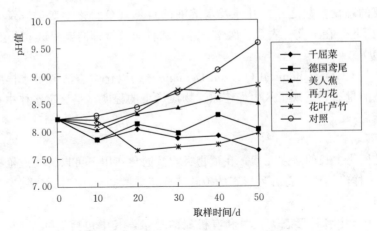

图 8.1 不同挺水植物水体中 pH 值变化

7.66、8.03、7.96。

8.3.2 不同挺水植物对 COD 去除效果对比

不同挺水植物水体中 COD 浓度变化见图 8.2。由图 8.2 可以看出，在整个实验过程中，对照组的 COD 浓度始终高于其他 5 组，可以认为挺水植物对水体中 COD 的去除效果十分明显，但水体中 COD 的变化并没有一定的规律，不同植物水体中 COD 浓度变化不尽相同。挺水植物在生长的过程中，会存在不断枯萎（凋落）的现象，因不同植物的枯萎（凋落）期不同，且植物根系对有机物的吸收能力存在一定的差异，导致了不同植物对水体中 COD 的去除效果不同。5 种挺水植物中，仅有再力花在整个过程中水体中的 COD 一直呈下降趋势，其他植物在实验过程中水体中 COD 浓度均有阶段性的升高。

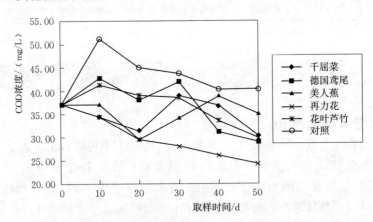

图 8.2 不同挺水植物水体中 COD 浓度变化

不同挺水植物对水体中 COD 去除率见表 8.2。由表 8.2 可以看出，10 天后水体中 COD 去除率依次为千屈菜（7.17%）＞再力花（6.95%）＞美人蕉（−0.34%）＞花叶芦竹（−11.32%）＞德国鸢尾（−15.36%）；20 天后水体中 COD 去除率依次为美人蕉（20.14%）＞再力花（20.00%）＞千屈菜（15.23%）＞德国鸢尾（−2.53%）＞花叶芦竹（−5.26%）；30 天后水体中 COD 去除率依次为再力花（24.07%）＞美人蕉

（7.76%）＞花叶芦竹（－4.20%）＞千屈菜（－5.36%）＞德国鸢尾（－13.23%）；40天后水体中 COD 去除率依次为再力花（29.19%）＞德国鸢尾（15.87%）＞花叶芦竹（9.47%）＞千屈菜（0.81%）＞美人蕉（－4.44%）；50天后水体中 COD 去除率依次为再力花（34.39%）＞德国鸢尾（21.84%）＞花叶芦竹（19.25%）＞千屈菜（17.74%）＞美人蕉（5.28%）。千屈菜在 50 天后对水体中 COD 去除率达到最大值为 17.74%，德国鸢尾在 50 天后对水体中 COD 去除率达到最大值为 21.84%，美人蕉在 20 天后对水体中 COD 去除率达到最大值为 20.14%，再力花在 50 天后对水体中 COD 去除率达到最大值为 34.39%，花叶芦竹在 50 天后对水体中 COD 去除率达到最大值为 19.25%。

表 8.2　　　　　　　　　　　不同挺水植物对水体中 COD 去除率

时间/d	COD 去除率/%				
	千屈菜	德国鸢尾	美人蕉	再力花	花叶芦竹
10	7.17	－15.36	－0.34	6.95	－11.32
20	15.23	－2.53	20.14	20.00	－5.26
30	－5.36	－13.23	7.76	24.07	－4.20
40	0.81	15.87	－4.44	29.19	9.47
50	17.74	21.84	5.28	34.39	19.25

8.3.3　不同挺水植物对 TP 去除效果对比

不同挺水植物水体中 TP 浓度变化见图 8.3。由图 8.3 可以看出，与没有栽种植物的对照组相比，挺水植物对 TP 有较好的去除效果，除花叶芦竹在实验 30 天时水体中 TP 的浓度有短暂的升高外，其他 4 种植物水体中 TP 的浓度一直处于下降的状态。

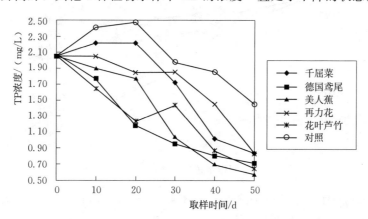

图 8.3　不同挺水植物水体中 TP 浓度变化

不同挺水植物对水体中 TP 去除率见表 8.3。由表 8.3 可以看出，10 天后水体中 TP 去除率依次为花叶芦竹（20.12%）＞德国鸢尾（14.22%）＞美人蕉（7.58%）＞再力花（0.26%）＞千屈菜（－7.72%）；20 天后水体中 TP 去除率依次为德国鸢尾（42.15%）＞花叶芦竹（40.25%）＞美人蕉（14.22%）＞再力花（10.23%）＞千屈菜（－7.72%）；30 天后水体中 TP 去除率依次为德国鸢尾（53.40%）＞美人蕉（49.51%）＞花叶芦竹

（30.14%）＞千屈菜（16.22%）＞再力花（10.23%）；40 天后水体中 TP 去除率依次为美人蕉（66.50%）＞德国鸢尾（60.68%）＞花叶芦竹（57.77%）＞千屈菜（50.49%）＞再力花（29.52%）；50 天后水体中 TP 去除率依次为美人蕉（72.33%）＞花叶芦竹（68.93%）＞德国鸢尾（65.53%）＞再力花（60.10%）＞千屈菜（59.22%）。5 种植物均在实验开始 50 天后对水体中 TP 去除率达到最大值。

表 8.3	不同挺水植物对水体中 TP 去除率				
时间/d	TP 去除率/%				
	千屈菜	德国鸢尾	美人蕉	再力花	花叶芦竹
10	−7.72	14.22	7.58	0.26	20.12
20	−7.72	42.15	14.22	10.23	40.25
30	16.22	53.40	49.51	10.23	30.14
40	50.49	60.68	66.50	29.52	57.77
50	59.22	65.53	72.33	60.10	68.93

8.3.4 不同挺水植物对 TN 去除效果对比

不同挺水植物对水体中 TN 浓度变化见图 8.4。由图 8.4 可知，5 种挺水植物对水体中 TN 都有一定的去除效果，水体中硝化和反硝化反应是一个比较复杂的过程，受外界温度等条件的限制。整个实验过程中，水体中 TN 的变化没有一定的规律。

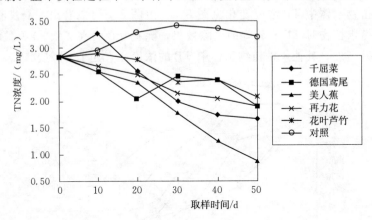

图 8.4　不同挺水植物水体中 TN 浓度变化

不同挺水植物对水体中 TN 去除率见表 8.4。由表 8.4 可以看出，10 天后水体中 TN 去除率依次为美人蕉（9.63%）＞德国鸢尾（9.54%）＞再力花（6.03%）＞花叶芦竹（−2.16%）＞千屈菜（−15.49%）；20 天后水体中 TN 去除率依次为德国鸢尾（27.42%）＞美人蕉（16.96%）＞再力花（11.84%）＞千屈菜（9.19%）＞花叶芦竹（1.86%）；30 天后水体中 TN 去除率依次为美人蕉（37.19%）＞千屈菜（29.17%）＞再力花（24.17%）＞花叶芦竹（16.54%）＞德国鸢尾（12.77%）；40 天后水体中 TN 去除率依次为美人蕉（56.15%）＞千屈菜（38.52%）＞再力花（27.31%）＞花叶芦竹（15.12%）＞德国鸢尾（14.84%）；50 天后水体中 TN 去除率依次为美人蕉（68.60%）＞

千屈菜（40.99%）＞德国鸢尾（32.51%）＞再力花（31.85%）＞花叶芦竹（26.51%）。5 种植物均在实验开始 50 天后对水体中 TN 去除率达到最大值。

表 8.4　　　　　　　　　不同挺水植物对水体中 TN 去除率

时间/d	TN 去除率/%				
	千屈菜	德国鸢尾	美人蕉	再力花	花叶芦竹
10	−15.49	9.54	9.63	6.03	−2.16
20	9.19	27.42	16.96	11.84	1.86
30	29.17	12.77	37.19	24.17	16.54
40	38.52	14.84	56.15	27.31	15.12
50	40.99	32.51	68.60	31.85	26.51

8.4　小结

以 50 天后实验结束为标准计，有挺水植物水体呈弱碱性，pH 值低于无植物水体；水体中 COD 去除率依次为再力花（34.39%）＞德国鸢尾（21.84%）＞花叶芦竹（19.25%）＞千屈菜（17.74%）＞美人蕉（5.28%）；水体中 TP 去除率依次为美人蕉（72.33%）＞花叶芦竹（68.93%）＞德国鸢尾（65.53%）＞再力花（60.10%）＞千屈菜（59.22%）；水体中 TN 去除率依次为美人蕉（68.60%）＞千屈菜（40.99%）＞德国鸢尾（32.51%）＞再力花（31.85%）＞花叶芦竹（26.51%）。

9 哈尔滨市挺水植物优化配置方案

为实现挺水植物的最佳生态效果和景观效果,为科学合理构建哈尔滨市河岸缓冲带,需对哈尔滨市挺水植物群落结构进行合理的优化配置。通过前文中对5种水生植物的适应性、净化能力、生长特性、景观效果的研究,在已有的3种设计方案的基础上,选取合适的指标,对已有设计成果进行优化。

9.1 优化指标确定

9.1.1 选取原则

9.1.1.1 科学性

对哈尔滨市挺水植物的优化配置,必须建立在一定的科学理论和依据之上,概念明确,有科学内涵,能真实地反映挺水植物群落的现状。

9.1.1.2 整体性

配置所选取的指标要能够比较全面地反映挺水植物的状况和特征,同时又要尽量避免指标之间的重叠,使得选取指标与优化效果有机联系起来,组成一个层次分明的整体。

9.1.1.3 实用性

选取指标的数据需易获取,其计算和测量方法简便,可操作性强,实现理论科学性和现实可行性的合理统一。对水生植物的配置容易被广泛的理解和接受,对实践工作有所帮助。

9.1.2 指标体系

通过前文中对5种挺水植物的研究成果,在对哈尔滨市挺水植物优化配置的过程中,建立了哈尔滨市挺水植物优化配置指标体系,选取了共4大类9项指标,对所筛选出的5种植物进行评分,进而对其配置进行优化,所有10项指标均为定量指标,具体指标见表9.1。

9.1.3 指标权重

在所选取的 4 大类 9 项指标中，其指标的重要性并不是一致的，需根据其重要程度来确定不同的权重，本节中权重的确定选用德尔菲法，最终所确定的权重值见表 9.2。

表 9.1　　哈尔滨市挺水植物优化配置指标体系

指标类型	单项指标
适应性	耐寒性
	耐淹性
	耐旱性
净化能力	COD
	TP
	TN
生长特性	成活率
	缓苗期
景观效果	花期

表 9.2　　各指标权重值

指标类型	单项指标	权重值
适应性	耐寒性	1.5
	耐淹性	1.2
	耐旱性	1.3
净化能力	COD	1.0
	TP	1.0
	TN	1.0
生长特性	成活率	1.6
	缓苗期	0.6
景观效果	花期	0.8

9.2　优化方法

9.2.1　不同挺水植物评价

根据前文中对 5 种植物的适应性、净化能力、生长特性、景观效果的研究结论，对 5 种植物的各项指标进行排序，由强到弱依次为第一、二、三、四、五名（其中，缓苗期为缓苗时间越短名次越靠前），分别记为 1、2、3、4、5，排序结果见表 9.3。

表 9.3　　5 种植物各指标排序情况表

植物名称	指标排序								
	适应性			净化能力			生长特性		景观效果
	耐寒性	耐淹性	耐旱性	COD	TP	TN	成活率	缓苗期	花期
千屈菜	2	4	3	4	5	2	1	1	3
德国鸢尾	1	1	1	2	3	3	2	4	4
美人蕉	3	3	4	5	1	1	3	3	1
再力花	4	2	2	1	4	4	4	2	2
花叶芦竹	5	5	5	3	2	5	5	5	4

排序结束后，对不同指标进行打分，第一名记 10 分，第二名记 8 分，第三名记 6 分，第四名记 4 分，第五名记 2 分，综合各指标权重（表 9.2），并利用式 9.1 计算出各植物的综合得分，5 种植物各指标得分和综合得分计算结果见表 9.4。

表 9.4　　　　　　　　　　　**5 种植物各指标得分和综合得分计算结果表**

植物名称	各 指 标 得 分									综合得分
	适 应 性			净 化 能 力			生 长 特 性		景观效果	
	耐寒性	耐淹性	耐旱性	COD	TP	TN	成活率	缓苗期	花期	
千屈菜	8	4	6	4	2	8	10	10	6	65.4
德国鸢尾	10	10	10	8	6	6	8	4	4	78.4
美人蕉	6	6	4	2	10	10	6	6	10	64.6
再力花	4	4	4	10	4	4	4	8	8	61.6
花叶芦竹	2	2	2	6	8	2	2	2	4	31.6

9.2.2　具体方案评价

　　根据不同植物在具体栽种中的栽种面积不同，按照该植物的栽种面积占该层总面积的比重，建立不同层次的评价模型，见式（9.1），利用式（9.1）可计算出被评价层次的得分。

$$A=\sum B_i \cdot W_i \quad (i=1, 2, 3, \cdots, n) \tag{9.1}$$

式中：A 为综合得分；B_i 为单项指标得分；W_i 为单项指标权重。

　　因本研究的设计中，各层次所占面积均相同，故对三个层次得分总和取平均值即可计算出整体方案配置的得分，见式（9.2）。

$$M=\frac{1}{3}(m_1+m_2+m_3) \tag{9.2}$$

式中：M 为整体方案得分；m_1 为邻水层得分；m_2 为中间层得分；m_3 为岸线层得分。

9.3　各方案优化结果

9.3.1　优化方案一

　　在原方案一设计的基础上，对其进行优化，选取了德国鸢尾、美人蕉、再力花、花叶芦竹 4 种植物，优化方案一植物配置见表 9.5。

表 9.5　　　　　　　　　　　**优化方案一植物配置表**

位置	植物名称	栽种密度/（株/m²）	栽种面积/m²
邻水层	再力花	25	25
	德国鸢尾	30	25
中间层	美人蕉	20	40
	花叶芦竹	49	10
岸线层	美人蕉	25	50

9.3.1.1　邻水层

　　原方案中，邻水层仅有再力花一种植物，再力花植株细长，且花序位于植株顶端，仅有这一种植物使该层景观略显单薄，优化过程中在这一层中增加了德国鸢尾，德国鸢尾在评价中得分较高，对环境的适应能力极强，且具有一定的观赏价值，对水体净化效果较好。因邻水层距水边较近，栽植密度不宜过大，再力花和德国鸢尾的栽植密度分别为 25 株/m² 和 30 株/m²。

9.3.1.2 中间层

原方案中，中间层仅有德国鸢尾一种植物，而在整个生长期内，德国鸢尾并未开花，一直作为观叶植物存在，为了弥补这一不足，将这一层的主要物种改为美人蕉，且在边缘零星点缀花叶芦竹，美人蕉花朵大且艳丽，在该层大面积栽种美人蕉，少量栽种花叶芦竹，有利于增强该层的景观功能和净化功能。中间层可适当增加植物的密度，使层次感较为分明，且由于花叶芦竹成活率较低，其栽种密度更应适当提高，美人蕉和花叶芦竹的密度分别为 25 株/m² 和 49 株/m²。

9.3.1.3 岸线层

原方案中，岸线层栽种的植物是花叶芦竹，但因花叶芦竹成活率过低，大大影响了该层的生态功能和景观功能，且花叶芦竹在适应性上并未表现出优势性，为改变这一状况，将花叶芦竹换成了美人蕉，美人蕉花朵大且艳丽，对哈尔滨市环境适应能力较强，且有着较强的净化功能，对缓冲带水质的改善有促进作用。岸线层可适当增加美人蕉的栽植密度，将其密度设置为 25 株/m²。

方案一优化配置前后得分对比见表 9.6，从表 9.6 中可以看出，对方案一进行优化配置后，得分由原来的 57.2 升高到 64.2，可见优化效果十分明显。

表 9.6　　　　　　　　　　　　　　方案一优化配置前后得分对比表

位置	原始方案得分	优化方案得分
邻水层	61.6	70.0
中间层	78.4	58.0
岸线层	31.6	64.6
整体方案	57.2	64.2

9.3.2 优化方案二

在原方案二设计的基础上，对其进行优化，依然保留德国鸢尾、美人蕉、再力花和千屈菜这 4 种挺水植物，仅在结构上对其进行了调整，优化方案二植物配置见表 9.7。

表 9.7　　　　　　　　　　　　　　优化方案二植物配置表

位置	植物名称	种植密度/（株/m²）	种植面积/m²
邻水层	德国鸢尾	30	40
	再力花	25	10
中间层	美人蕉	36	20
	德国鸢尾	36	30
岸线层	千屈菜	49	50

9.3.2.1 邻水层

原方案中，邻水层仅有德国鸢尾一种植物，而在整个生长期内，德国鸢尾并未开花，一直作为观叶植物存在，为了弥补这一不足，可将中间层的再力花移入邻水层栽植，在邻水层零星点缀再力花，有利于增强该层景观的立体感。邻水层因距水边较近，密度不宜过大，再力花和德国鸢尾密度分别为 25 株/m² 和 36 株/m²。

9.3.2.2 中间层

原方案中，中间层由美人蕉、再力花、德国鸢尾 3 种植物组成，如河岸缓冲带长度较短，这种配置会略显繁乱，将再力花移入邻水层栽植既解决了邻水层没有开花植物这一问题，又使中间层的结构较为清晰，将不开花的德国鸢尾呈带状种于该层中间，两侧分别带状栽种美人蕉，这样的搭配色彩较为分明。为了增强立体感，同时减少杂草的生长，可适当增加该层的植物密度，再力花和德国鸢尾种植密度均为 36 株/m²。

9.3.2.3 岸线层

岸线层依然栽种原方案中植物——千屈菜，千屈菜这种植物在实验中表现出了明显的优势，植株挺拔、花色美观，适合栽种于河岸缓冲带，为增强其对水质的净化效果，在这一层中，将原种植密度 30 株/m²，增加为 49 株/m²。

方案二优化配置前后得分对比见表 9.8。从表 9.8 中可以看出，对方案二进行优化配置后，得分由原来的 70.9 升高到 71.1，因方案二原配置就具有一定的优势，故优化后分数提高不大。

表 9.8 方案二优化配置前后得分对比表

位置	原始方案得分	优化方案得分
邻水层	78.4	75.0
中间层	68.8	72.9
岸线层	65.4	65.4
整体方案	70.9	71.1

9.3.3 优化方案三

在原方案三设计的基础上，对其进行优化，利用了德国鸢尾、美人蕉、再力花和美人蕉 4 种植物，优化方案三植物配置见表 9.9。

表 9.9 优化方案三植物配置表

位置	植物名称	种植密度/（株/m²）	种植面积/m²
邻水层	千屈菜	30	10
	德国鸢尾	36	40
中间层	再力花	36	20
	美人蕉	16	30
岸线层	德国鸢尾	36	30
	美人蕉	30	20

9.3.3.1 邻水层

邻水层原有的设计中仅有千屈菜一种植物，优化后将其变为以德国鸢尾为主要栽种植物，其中零星点缀千屈菜，以增加其景观功能。其中，千屈菜种植密度为 30 株/m²，德国鸢尾种植密度为 36 株/m²。

9.3.3.2　中间层

原方案中，邻水层仅有再力花一种植物，因再力花开花略显稀疏，在这一层中增加了美人蕉，美人蕉花大且艳丽，装饰了整个中间层，与再力花的堇紫色花朵搭配十分和谐，因再力花植株较细，在这一层中可适当增加再力花密度，再力花和美人蕉的栽植密度分别为 36 株/m² 和 16 株/m²。

9.3.3.3　岸线层

原方案中，岸线层仅有德国鸢尾一种植物，而在整个生长期内，德国鸢尾并未开花，一直作为观叶植物存在，为了弥补这一不足，同时增强这一层对水质的净化能力，在这一层中增加了美人蕉，将德国鸢尾呈带状种于该层中间，两侧分别带状栽种美人蕉，这样的配置层次分明，夏秋季节美人蕉的花朵娇嫩鲜艳，给整个河岸带增加了美感。因岸线层在河岸缓冲带最上方，为减少杂草的生长，可适当增加植物的栽种密度，德国鸢尾的密度均设为 36 株/m²，美人蕉的密度设为 30 株/m²。

方案三优化配置前后得分对比见表 9.10。从表 9.10 中可以看出，对方案二进行优化配置后，得分由原来的 68.5 升高到 70.7，因方案三原配置就具有一定的优势，故优化后分数提高不大。

表 9.10　　　　　　　　　　方案三优化配置前后得分对比表

位置	原始方案得分	优化方案得分
邻水层	65.4	75.8
中间层	61.6	63.4
岸线层	78.4	72.9
整体方案	68.5	70.7

9.4　小结

综合考虑挺水植物的生长特性、适应性、净化效果、景观性，选取 4 大类 9 项指标对所筛选出的适宜哈尔滨市栽种的挺水植物进行了综合评价，结合各植物的评价结果，对实验设定的 3 种方案进行了整体的优化评分。其中方案一优化效果最为明显，优化结果在一定程度上增强了景观性，所选取的植物均具有较强适应性和净化功能，对水质的改善能够起到积极的作用。

本章所做的优化配置仅是对原设计 3 种方案进行的优化，在实际的设计生产过程中，可根据实际环境的需要进行设计，按照本章中所建立的评价模型对设计结果进行打分评价。在哈尔滨市河岸缓冲带等相关设计中的挺水植物配置部分中，可参考本研究中给出的 3 种方案进行配置。

10

结论与建议

（1）哈尔滨市水域辽阔，湿地生境多样，水生植物资源较为丰富。通过查阅文献资料和咨询走访的方法，初步筛选出适宜哈尔滨市河岸带栽种的挺水植物为花叶芦竹、芦苇、美人蕉、千屈菜、水芹、水葱、菖蒲、香蒲、雨久花、黄花鸢尾、德国鸢尾、泽泻、再力花，共11科、12属、13种。通过构建指标体系，运用德菲尔法进行定量评价，最终确定千屈菜、德国鸢尾、再力花、美人蕉、花叶芦竹5种植物，作为适宜哈尔滨市栽植的挺水植物，进行进一步的实验研究。

（2）在挺水植物生长特性研究中，从成活率这一指标来看，5种植物的成活率依次为千屈菜（96.7%）＞德国鸢尾（93.2%）＞美人蕉（92.2%）＞再力花（91.6%）＞花叶芦竹（48.9%）。千屈菜较其他4种植物表现出一定的优势，成活率较高，是一种适宜于哈尔滨市栽植的挺水植物；而花叶芦竹成活率过低，不足50%，成活后密度无法达到栽植要求，不满足在哈尔滨市进行栽植的条件；从缓苗时间这一指标来看，千屈菜（10天）＜再力花（13天）＜美人蕉（15天）＜德国鸢尾（18天）＜花叶芦竹（22天）。其中千屈菜、德国鸢尾、美人蕉、再力花4种植物的缓苗期均在20天以内，对环境的适应性较好，而花叶芦竹的缓苗期较长为22天；从花期这一指标来看，德国鸢尾和花叶芦竹并未开花，另外3种植物花期较非寒冷地区均有1个月左右的延迟，5种植物花期长短依次为美人蕉（97天）＞再力花（84天）＞千屈菜（70天）＞德国鸢尾（0天）＝花叶芦竹（0天）；从枯萎（凋落）期这一指标来看，千屈菜和再力花2种植物最早开始枯萎，德国鸢尾和花叶芦竹2种未开花植物的枯萎（凋落）期要短于其他3种植物，5种植物的枯萎（凋落）期依次为德国鸢尾（17天）＝花叶芦竹（17天）＜美人蕉（21天）＜千屈菜（40天）＜再力花（47天）。

（3）建立了5种植物植株高度模型，5种植物的植株高度均可用三次曲线表示，且 R^2

均可达到 0.9 以上，拟合效果较好。在测量的 159 天的生长期内，5 种植物的植株生长率依次为花叶芦竹（419.0%）＞千屈菜（363.3%）＞再力花（274.3%）＞美人蕉（272.0%）＞德国鸢尾（255.7%）；建立了 5 种植物根系长度模型，5 种植物的植株高度均可用二次曲线表示，且 R^2 均可达到 0.9 以上，拟合效果较好。在测量的 152 天的生长期内，5 种植物根系的生长率依次为花叶芦竹（381.1%）＞再力花（309.3%）＞德国鸢尾（213.1%）＞美人蕉（166.3%）＞千屈菜（109.7%）。

（4）从景观效果这一指标来看，方案一在生长过程中整个设计出现了一定的缺陷，观赏价值较低，而方案二和方案三，从各项指标来看，均具有一定的观赏价值，可用于河岸缓冲带的景观设计。

（5）在挺水植物适应性研究中，5 种植物中幼苗抗寒能力最强的是千屈菜，花期最长的是美人蕉，成苗抗寒能力最强的是德国鸢尾；耐淹性能排序为德国鸢尾＞再力花＞美人蕉＞千屈菜＞花叶芦竹，且只要水位未完全淹没植株，所选 5 种植物均可在汛期正常生长；在相同自然条件下，5 种植物耐旱性能排序为德国鸢尾＞再力花＞千屈菜＞美人蕉＞花叶芦竹；5 种植物耐冲性能排序为千屈菜＞德国鸢尾＞美人蕉＞再力花＞花叶芦竹。

（6）在挺水植物净化效果研究中，有挺水植物水体呈弱碱性，pH 值低于无植物水体；对 COD 去除效果最好的是再力花，去除率为 36.6%；对 TP 去除效果最好的是千屈菜，去除率为 84.70%；对 $PO_4^{3-}-P$ 去除效果最好的是千屈菜，去除率为 93.91%,；对 TN 去除效果最好的是美人蕉，去除率为 68.60%；各挺水植物对 NO_3^--N 的去除效果均十分明显，实验结束后，所有实验组内硝酸盐浓度均降低到设定值（仪器可测定的最小浓度）以下。

（7）综合考虑挺水植物的生长特性、适应性、净化效果、景观性，选取 4 大类 9 项指标对所筛选出的适宜哈尔滨市栽种的挺水植物进行了综合评价，结合各植物的评价结果，对实验设定的 3 种方案进行了整体的优化评分。优化结果在一定程度上增强了景观性，所选取的植物均具有较强适应性和净化功能，对水质的改善能够起到积极的作用，在哈尔滨市河岸缓冲带等相关设计中的挺水植物配置部分，可参考本研究中给出的 3 种方案进行配置。

10.2 建议

（1）哈尔滨市河岸缓冲带植物资源丰富，在未来的研究中，可调查哈尔滨市河岸缓冲带濒危物种，建立本地区相应的物种资源库，对其种群的数量和分布情况定期进行详细记录。另外，还可以利用转基因技术生产出抗逆性强、经济性状好的优良植株。

（2）哈尔滨市中小河流众多，河岸带经营管理不善，自然植被缺失严重，且粗放的农业生产模式和地表径流所携带的污染物成为污染河流、造成河流富营养化的重要原因。河岸缓冲带的构建，对于减轻哈尔滨市中小河流的面源污染，保护生态环境不持续恶化，增强河岸缓冲带的景观功能等方面具有重要的意义。在未来河岸缓冲带的研究工作中，可把工作重心转移到河岸缓冲带构建的研究中来，在哈尔滨市构建科学合理、配置优化的河岸缓冲带，为哈尔滨市中小河流生态修复作出贡献。

（3）河岸缓冲带植被是由陆生植物和水生植物共同组成的，其中包括若干个完整的植物群落。而本研究仅针对其中的一类水生植物——挺水植物进行研究，对于河岸缓冲带来说仅有挺水植物是远远不够的，所以在未来的研究中，应补充河岸缓冲带其他组成部分的研究，使河岸缓冲带的研究更为科学化、系统化。

（4）本书中对挺水植物的配置仅进行了较为基础的理论分析和研究，且并未对不同植物配置后的生态效益和经济效益做出评价，整体来看还不够完善和全面；在植物优化配置上提出了哈尔滨市挺水植物的优化配置方案，但是未能对优化配置后的方案进行栽植和样地实践研究。该项研究在今后工作中还有待进一步深入。

附　图

附图1　哈尔滨市主要挺水植物

花叶芦竹——花

花叶芦竹——叶

芦苇——花

芦苇——植株

千屈菜——花

千屈菜——叶

德国鸢尾——花　　　　　　　　德国鸢尾——植株

再力花——花　　　　　　　　　再力花——叶

美人蕉——花　　　　　　　　　美人蕉——叶

水芹——花　　　　　　　　　　水芹——叶

水葱——植株

水葱——花

菖蒲——花

菖蒲——叶

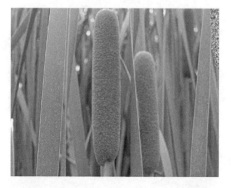

香蒲——果实

香蒲——植株

黄花鸢尾——花

黄花鸢尾——叶

泽泻——花

泽泻——叶

雨久花——叶

雨久花——花

附图2 耐淹实验

第 10 天　　　　第 15 天　　　　第 30 天

第 40 天　　　　第 60 天　　　　第 90 天

千屈菜 1/3 淹没深度实验

第 10 天　　　　第 20 天　　　　第 50 天

千屈菜 2/3 淹没深度实验（一）

第 60 天　　　　　　第 70 天　　　　　　第 90 天

千屈菜 2/3 淹没深度实验（二）

第 20 天　　　　　　第 30 天　　　　　　第 50 天

第 70 天　　　　　　第 90 天　　　　　　第 93 天

千屈菜全淹没实验

第 10 天

第 30 天

第 40 天

第 50 天

第 70 天

第 90 天

德国鸢尾 1/3 淹没深度实验

第 10 天

第 30 天

第 60 天

德国鸢尾 2/3 淹没深度实验（一）

第 70 天　　　　　　　　第 80 天　　　　　　　　第 90 天

德国鸢尾 2/3 淹没深度实验（二）

第 10 天　　　　　　　　第 20 天　　　　　　　　第 40 天

第 60 天　　　　　　　　第 80 天　　　　　　　　第 90 天

德国鸢尾全淹没实验

第 10 天

第 30 天

第 40 天

第 60 天

第 80 天

第 90 天

美人蕉 1/3 淹没深度实验

第 10 天

第 20 天

第 30 天

美人蕉 2/3 淹没深度实验（一）

第 50 天 · 第 70 天 · 第 90 天

美人蕉 2/3 淹没深度实验（二）

第 10 天 · 第 20 天 · 第 30 天

第 50 天 · 第 70 天 · 第 88 天

美人蕉全淹没实验

第 10 天

第 30 天

第 50 天

第 70 天

第 80 天

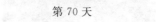

第 90 天

再力花 1/3 淹没深度实验

第 10 天

第 30 天

再力花 2/3 淹没深度实验（一）

第 70 天   第 80 天   第 90 天

再力花 2/3 淹没深度实验（二）

第 10 天   第 30 天   第 40 天

第 70 天   第 80 天   第 90 天

再力花全淹没实验

第 10 天   第 20 天   第 40 天

第 70 天   第 80 天   第 90 天

花叶芦竹 1/3 淹没深度实验

第 10 天   第 20 天   第 40 天

花叶芦竹 2/3 淹没深度实验（一）

第 70 天　　　　　　　　第 80 天　　　　　　　　第 90 天

花叶芦竹 2/3 淹没深度实验（二）

第 10 天　　　　　　　　第 20 天　　　　　　　　第 40 天

第 70 天　　　　　　　　第 80 天　　　　　　　　第 90 天

花叶芦竹全淹没实验

附图 3 耐旱实验

第 10 天　　　　　　　第 20 天　　　　　　　第 30 天

第 40 天　　　　　　　第 45 天　　　　　　　第 47 天

千屈菜耐旱实验

第 10 天　　　　　　　第 20 天　　　　　　　第 30 天

德国鸢尾耐旱实验（一）

第 40 天 第 59 天

德国鸢尾耐旱实验（二）

第 10 天 第 20 天

第 30 天 第 40 天 第 42 天

美人蕉耐旱实验

第 10 天

第 20 天

第 30 天

第 40 天

第 49 天

再力花耐旱实验

第 10 天

第 15 天

第 20 天

花叶芦竹耐旱实验（一）

第 25 天　　　　　　　　第 30 天　　　　　　　　第 35 天

花叶芦竹耐旱实验（二）

附 表

哈尔滨地区河岸带植物数据库

序号	植物名称	拉丁学名	主要性状	分布区域
1	单穗升麻	Cimicifuga simplex (DC.) Wormsk. ex Turcz.	根状茎粗壮，横走，外皮带黑色。茎单一，高1~1.5m，为一至三回近羽状复叶；叶片卵状三角	生于海拔300~2300m间的山地草坪、潮湿的灌丛、草丛或草甸的草墩中。在中国分布于内蒙古、吉林、黑龙江等地。在苏联西伯利亚东部和远东地区以及蒙古、日本也有分布
2	茴茴蒜 毛茛	Ranunculus chinensis Bunge	多年生草本，高15~50cm。茎直立，与叶柄均有伸展的淡黄色糙毛。叶为三出复叶；基生叶和下部叶具长柄。花期、果期7~9月	生于海拔700~2500m的平原与丘陵、溪边、田旁的水湿草地。分布于我国广大地区，如黑龙江、吉林、辽宁、河北等地
3	白屈菜	Chelidonium majus	白屈菜是多年生草本，高30~60cm。主根粗壮、圆锥形、侧根多，暗褐色	中国大部分省区均有分布。生于海拔500~2200m的山坡、山谷林缘草地或路旁、石缝
4	葎草	Humulus scandens (Lour.) Merr.	多年生茎蔓草本。株高1~5m，雌雄异株。通常群生，茎和叶柄上有细倒钩，叶片呈掌状，茎蔓缠绕其他植物生。此植物耐寒、抗旱，喜肥，喜光	常于沟边、荒地、废墟、林缘边。中国除新疆、青海外，南北各省区均有分布。日本、越南也有分布
5	藜	Chenopodium albuml L.	一年生草本，高30~150cm。茎直立，粗壮，具条棱，绿色或具紫红色条纹，多分枝	生于海拔50~4200m的地区，见于路旁、荒地及田间。目前尚未由人工引种栽培。分布于全球温带及热带以及中国各地
6	灰绿藜	Chenopodium glaucum L.	一年生草本，高10~45cm。茎通常由基部分枝，斜上或平卧，有沟槽与条纹	生于海拔540~1400m的农田边、水渠沟旁、平原荒地、山间谷地等，广布于南北半球的温带

续表

序号	植物名称	拉丁学名	主要性状	分布区域
7	苋菜	Amaranthus tricolor L.	一年生草本，高 80～150cm。苋菜喜温暖气候，耐热力强，不耐寒冷。苋菜根系发达。分布深而广	原产印度，分布于亚洲南部、中亚、日本等地
8	马齿苋	Portulaca oleracea L.	一年生草本。肥厚多汁，无毛，高 10～30cm	生于田野路边及庭园废墟等向阳处。马齿苋适应性非常强，耐热、耐旱，无论强光、弱光都可正常生长，比较适宜在温暖、湿润、肥沃的壤土或沙壤土中生长，为田间常见杂草
9	本氏蓼	Polygonum bungeanum Turcz.	一年生草本，春季出苗。茎直立，高 30～60cm	生于沙地、路旁湿地和水边。分布于我国黑龙江、河北、山西、内蒙古等地，朝鲜和俄罗斯（远东地区）也有分布
10	白花碎米荠	Cardamine leucantha	多年生草本，高 30～75cm	生于海拔 200～2000m 的路边、山坡湿草地、杂木林下及山谷沟边阴湿处，在东北以及河北、山西等省均有分布
11	香蓼	Polygonum odoratum Lour	一年生草本，植株具香味。茎直立或斜上升；多分枝；密被开展的长糙硬毛和腺毛，高 50～90cm	生于海拔 30～1900m 的湿地、湿草地及水沟、湿草地。产于东北、陕西等地，欧洲、非洲及北美也有分布
12	桃叶蓼	Polygonum persicaria L.	茎下部斜卧，上部直立或全株直立。单一或分枝。一年生草本，高 40～80cm	生于林区水湿地
13	两栖蓼	Polygonum amphibium L.	茎直立，不分枝或自基部分枝，高 40～60cm	生于海拔 50～3700m 的湖泊边缘的浅水中、沟边及田边湿地
14	野西瓜苗	Hibiscus trionum L.	一年生直立或平卧草本，高 25～70cm	产自全国各地，无论平原、山野、丘陵或田埂、处处有之，是常见的田间杂草
15	箭叶蓼	Polygonum sieboldii Meisn.	一年生草本。茎基部外倾，上部近直立，有分枝、无毛、四棱形、沿棱具倒生皮刺	生于海拔 90～2200m 的山谷、沟旁、水边
16	球果蔊菜	Roripa globosa (Turcz. ex Fisch. & C. A. Mey.) Hayek	一年生草本，高 40～100cm	为喜湿性植物，多生于湿地、排水沟渠、水田埂旁和干涸的水田中。具有耐水淹、抗盐碱、耐污染的特性，在东北、华中、华南均有分布

续表

序号	植物名称	拉丁学名	主要性状	分布区域
17	风花菜	Rorippa globosa (Trucz.) Hayek	二年生或多年生草本，高 15~90cm	生于山坡、石缝、路旁、田边、水沟潮湿地及杂草丛中。分布于黑龙江、吉林等地
18	东北点地梅	Androsace filiformis Retz.	一年生草本，主根不发达，具多数纤维状须根	生于海拔 1000~2000m 的潮湿草地，林下或水沟边，分布于东北、内蒙古和新疆北部
19	蛇床	Cnidium monnieri (L.) Cuss	一年生草本，高 30~80cm	生于潮湿草地、田边及路旁杂草地主要在东北、山东、江苏、浙江等地
20	宽叶打碗花	Calystegia sepium (L.) RBR	多年生草本植物。茎缠绕或平卧	生于海拔 100~3500m 的地区，多生于农田、平原、荒地及路旁
21	三籽两型豆	Amphicarpaea trisperma Baker	一年生缠绕草本，纤细，高 80~100cm	主要生于灌草丛中、山坡、山坡灌丛中，分布于东北、河北、河南等地
22	草木犀	Melilotus suaveolens L.	二年生草本，高 40~100cm。茎直立、粗壮，多分枝，具纵棱，微被柔毛	生于山坡、河岸、路旁、砂质草地及林缘。产东北、华南、西南等各地。其余各省常见栽培。生于山坡、河岸、路旁、砂质草地及林缘
23	白车轴草	Trifolium repens L.	短期多年生草本，生长期达 5 年，高 10~30cm。主根短，侧根和须根发达	中国常见于种植，并在湿润草地、河岸、路边呈半自生状态
24	野火球	Trifolium lupinaster L.	多年生草本，高 30~60cm。根粗壮，发达。根多分叉。其深度在播种当年可达 85cm 左右，第二年达 140cm，侧根较多，分布较广	野火球是地面芽植物，喜湿润，肥沃的土壤，耐寒力极强，在东北地区 -26℃ 也能安全越冬。主要分布于我国新疆、内蒙古、河北等省区
25	老鹳草	G. eranium wilfordii Maxim.	多年生草本，高 30~50cm。根茎直生壮，具簇生纤维状细长须根，上部周以残存基生托叶	老鹳草主要生于山坡、草地、田野；平原村边路边和树林下；平原及山坡、潮湿及山坡、路旁、田野、杂草丛中、分布于东北、华北、华东等地
26	莓叶委陵菜	Potentilla fragarioides L.	多年生草本。根极多，簇生，高 8~25cm	生于海拔 350~2400m 的湿地、山坡、草甸、地边、沟边、草地、灌丛及疏林下。喜光，稍耐阴，耐寒，耐旱、耐瘠薄，在黑龙江、吉林、辽宁等地均有分布

附表

续表

序号	植物名称	拉丁学名	主要性状	分布区域
27	打碗花	*Calystegia hederacea* Wall.	茎细弱，长 0.5～2m，缠绕或攀援	生于海拔 100～3500m 的地区，多生于农田、平原、荒地及路旁，分布于全国各地。适生于湿润而肥沃的土壤，亦耐瘠薄、干旱
28	狼巴草	*Herba bidentis tripartitae.*	属菊科一年生草本。茎直立，高 30～80cm 有时可达 90cm	属湿生性广布植物。在东北松嫩平原草甸、盐碱化较高的潮边，经常成为禾本科、莎草科、蓼科或某些湿生植物群落的亚优势种或优势种
29	香薷	*Elsholtzia ciliate* (Thunb.) Hyland.	香薷直立草本，高 30～50cm，具密集的须根	生于路旁、山坡、荒地、林内、河岸，中国除新疆、青海外，各地均有分布
30	柳穿鱼	*Linaria vulgaris* Mill.	多年生草本，株高 20～80cm	生于沙地、山坡草地及路边，常见于东北、华北等地
31	鸡眼草	*Kummerowia striata* (Thunb.) Schindl.	一年生或多年生草本，高 10～30cm，多分枝	生于向阳山坡的路旁、田中、林中及水边。分布于东北以及河北、山东等地
32	水棘针	*Amethystea caerulea* L.	茎直立，高 30～100cm	生于海拔 200～3400m 的，田边旷野，河岸沙地，开阔路边及溪旁，产于吉林、辽宁、黑龙江等地
33	黄芩	*Scutellaria baicalensis* Georgi	茎基部伏地，上升，高 30～120cm	生于海拔 60～1300m 的向阳草坡地、休荒地上，产于黑龙江、辽宁、内蒙古等地
34	小飞蓬	*Conyza canadensis* (L.) Cronq.	茎直立，株高 50～100cm	生于河滩、渠旁、路边或农田，易形成大片群落。在东北、陕西、山西、河北等省均有分布
35	一年蓬	*Erigeron annuus* (L.) Pers.	一年生或越年（二年）生草本，高 30～100cm	喜生于肥沃向阳的土地上，在干燥贫瘠的土壤中亦能生长
36	还阳参	*Crepis rigescens* Diels	多年生草本，高 30～50cm	生于山坡林缘、溪边、路边荒地
37	东北蒲公英	*Taraxacum ohwianum* Kitam	多年生草本。根粗长，叶倒披针形	多生于低海拔地区山野及山坡路旁、路旁或溪流边，分布于黑龙江、辽宁、吉林等地
38	苍耳	*Xanthium sibiricum* Patrin. ex Widder.	一年生草本，高 20～90cm	广泛分布于东北、华北、华东、华南、西北等地
39	抱茎苦荬菜	*Ixeridium sonchifolium* (Maxim.) Shih	抱茎苦荬菜属中生性多年生草本，根细圆锥状，长约 10cm，淡黄色，茎高 30～60cm	抱茎苦荬菜是中生性阔叶杂类草，为广布植物，生平原、山坡、河边。适应性较强，我国各地普遍分布

144

续表

序号	植物名称	拉丁学名	主要性状	分布区域
40	山苦菜	*Lactuca raddeana* Maxim.	二年生草本，高 100～150cm	生于山坡、路旁、东北及河北、陕西、甘肃、山东、河南均有分布
41	豨莶	*Siegesbeckia orientalis* L.	一年生草本，高达 100cm	生于山坡砂土地、路旁、田边、沟边等处
42	猪毛蒿	*Artemisia scoparia* Waldstein et Kit.	一或二年生草本，高达 100cm，直根系茎直立	山坡、林缘、路旁、草原、黄土高原、荒漠边缘地区都有、局部地区构成植物群落的优势种、遍及全国
43	大籽蒿	*Artemisia sieversiana* Ehrhart. ex Willd.	一或二年生草本，主根单一，植株高 40～90cm	多生于路旁、荒地、河漫滩、草原、森林草原、千山坡或林缘等、局部地区成优势种群
44	金狗尾草	*Setaria glauca* (L.) Beauv. Panicum glaucum L. Setaria lutescens (Weig.) F. T. Hubb	植株高 20～90cm	生于旱作地、田边、路旁和荒芜的园地及荒野，为秋熟旱作地的常见杂草
45	费菜	*Sedum aizoon* L.	多年生草本。根状茎短，粗茎高 20～50cm	阳性植物，稍耐阴，耐寒、耐干旱瘠薄，在山坡岩石上和荒地上均能旺盛生长
46	紫花苜蓿	*Medicago sativa* L.	多年生草本。茎直立，高 30～100cm	生于田边、路旁、旷野、草原、河岸及沟谷生地，全国各地都有栽培或呈半野生状态
47	福禄考	*Phlox drummondii* Hook.	一年生草本，株高 15～30cm，株高 15～45cm	性喜温暖、稍耐寒、忌酷暑。在东北一带可冷床越冬，宜排水良好、疏松的壤土，不耐旱、忌涝
48	黑龙江野豌豆	*Vicia amurensis* Oett.	多年生草本，高 50～100cm	生于林缘、灌丛、草甸、山坡、路旁等处，分布于我国黑龙江、吉林及华北、朝鲜、日本、俄罗斯（西伯利亚、远东地区）也有分布
49	大花萱草	*Hemerocallis middendorfii* Trautv. et Mey.	大花萱草根分为肉质根和须根，肉质根呈纺锤状，须根多生长在肉质根上	生于海拔较低的林下、湿地、草甸或草地上。耐寒性强、耐光线充足，又耐半阴，对土壤要求不严，但以腐殖质含量高，排水良好的通透性土壤为好。产于黑龙江、吉林和辽宁

序号	植物名称	拉丁学名	主要性状	分布区域
50	寸草	*Carex duriuscula* C. A. Mey.	根状茎细长，匍匐。秆高 5～20cm，纤细，平滑，基部叶鞘灰褐色，细裂成纤维状	生于海拔 250～700m 的地区，见于草原，山坡，路边以及河岸湿地。目前尚未有人工进行引种栽培。分布于辽宁、甘肃、内蒙古、吉林、黑龙江等地
51	沿阶草	*Ophiopogon bodinieri* Levl.	根纤细，近末端处有时具膨大成纺锤形的小块根；地下走茎长，直径 1～2mm，节上具膜质的鞘	生于海拔 600～3400m 的山坡、山谷潮湿处、沟边、灌木丛下或林下
52	苔草	*Carex* spp.	具有较多的根茎，根茎一般均可发生新枝	生于山地的阴坡、半阳山坡。喜潮湿，多生于山坡、沼泽、林下湿地或湖边。中国约有 500 种，主要分布于东北、西北、华北和西南高山地区、南方种类较少
53	过路黄	*Lysimachia christinae* Hance	株高 20～60cm	喜温暖、阴凉、湿润环境，不耐寒。适宜肥沃疏松、腐殖质较多的砂质壤土。生于沟边、路旁阴湿处和山坡林下。垂直分布上限可达海拔 2300m
54	狗尾草	*Setaria viridis*（L.）Beauv.	一年生，根为须状，高大植株具支持根，秆直立或基部膝曲，高 10～100cm	生于海拔 4000m 以下的荒野、道旁，为旱地作物常见的一种杂草，分布于中国各地
55	棉团铁线莲	*Clematis hexapetala* Pall.	直立草本，高 30～100cm	生于固定沙丘、干山坡或山坡草地中，尤以东北及内蒙古草原地区较为普遍。辽宁、吉林、黑龙江等地
56	狗牙根	*Cynodon dactylon*（Linn.）Pers.	株高 10～30cm，须根细	狗牙根最喜 pH 值为 6.0～7.0，排水良好、肥沃的土壤。在黏土上的生长状况比在轻沙壤土上要好，在轻盐碱地上生长也较快
57	长芒稗	*Echinochloa caudate* Roshev.	秆高 100～200cm	生于水边、湿地、水田和水田边。产于黑龙江、吉林、内蒙古等地
58	匍枝委陵菜	*Potentilla flagellaris* Willd. ex Schlecht.	多年生匍匐草本	生于海拔 300～2100m 的地区，见于阴湿草地、水泉旁边以及疏林下。分布在朝鲜、俄罗斯、蒙古以及中国的辽宁、甘肃、黑龙江、山西、山东、吉林、河北等地

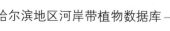

续表

序号	植物名称	拉丁学名	主要性状	分布区域
59	细叶委陵菜	Potentilla multifida	根粗壮，圆锥形，上部有残叶。多年生草本，高 10～40cm	生于草地、砂质地、山坡、河岸、山坡。分布于中国（东北、华北、西北）、蒙古、朝鲜、俄罗斯及其他一些欧洲国家及北美洲
60	紫花地丁	Viola yedoensis Makino	多年生草本，无地上茎，高 4～14cm	生于田间、荒地、山坡草丛、林缘或灌丛中。分布于中国、朝鲜、日本、印度、缅甸等国
61	陌上菜	Lindernia procumbens (Krock.) Philcox	茎方，基部分支，高 5～20cm	喜生于潮湿、积水处。全国各地均有分布。喜湿，为稻田常见杂草，发生量大，危害较重
62	蔓委陵菜	Potentilla flagellaris Willd. ex Schlecht	多年生草本	生于草甸、林下及林缘路旁等处。分布于我国黑龙江及华北、西北、朝鲜、蒙古、俄罗斯（西伯利亚、远东地区）也有分布
63	龙牙草	Agrimonia pilosa Ldb.	多年生草本，高 30～100cm	喜温暖湿润的气候，生于荒地、山坡、路旁草地针阔叶混交林或疏林下、林缘、沟边等处。以地上部分为人药，称为仙鹤草，夏秋采收，其芽也入药。分布于中国各地，分布在海拔 500～1000m 间。俄罗斯、朝鲜、蒙古、日本、西伯利亚及远东地区也有分布
64	红蓼	Polygonum orientale L.	一年生草本，高可达 300cm	生于沟边、河川两岸的草地、沼泽潮湿处。除西藏外，广布于中国各地
65	缬草	Valeriana officinalis L.	多年生耐寒开花植物，多年生高大草本，高可达 100～150cm	生于海拔 2500m 以下的山坡草地、林下、沟边。产于中国东北—西南的广大地区
66	地肤	Kochia scoparia (L.) Schrad.	一年生草本，高 50～100cm	喜阳光，喜温暖，不耐寒，极耐炎热、耐盐碱、耐干旱。耐瘠薄。生于海拔 50～3200m 的地区，一般生于田路旁、田边和荒地等处。在我国分布于黑龙江、吉林、辽宁、内蒙古等地
67	风铃草	Campanula L.	多年生草本，全体被短毛，高 20～100cm	喜轻松、肥沃而排水良好的壤土。全属 200 多种，几乎全在北温带，多数种类产于欧亚大陆北部，少数在北美

续表

序号	植物名称	拉丁学名	主要性状	分布区域
68	田旋花	Convolvulus arvensis L.	多年生草质藤本、近无毛	生于耕地及荒坡草地、村边路旁。分布于东北、华北、西北等地
69	东北甜茅	Glyceria triflora (Korsh.) Kom.	高50～150cm	分布于温带、亚热带、热带山地
70	巨序剪股颖	Agrostis gigantea Roth	多年生草本。根茎疏丛型。秆高90～150cm	适应性很强，分布幅度较广。我国东北、华北、西北以及亚热带的一些地区，长江流域均有野生。常为草甸、河漫滩以及湿润谷地、沟边的植物群落优势建群种，但面积都不大
71	水莎草	Juncellus serotinus	多年生草本，秆高35～100cm	广布于中国东北各省、多生于浅水中、水边沙土上
72	驴蹄草	Caltha palustris L.	茎高20～48cm	自河北东北部以北分布于600～1400m间山地。通常生于山谷溪边或湿草甸，有时也生在草坡下较阴湿处
73	蚊子草	Filipendula Palmata (Pall) Maxim.	多年生草本，根茎短而斜走	分布于北半球温带至寒温带。我国约有8种，主要分布在东北和西北、华北、云南及我国台湾也有分布
74	球尾花	Lysimachia thyrsiflora	茎直立，高30～80cm	生于湿草地上，常成小片生长。吉林、内蒙古东部、山西、云南等地
75	木贼	Equisetum hyemale L.	多年生常绿草本，高30～100cm	喜生于山坡林下阴湿处、易生于河岸湿地、溪边、或杂草地。主产于中国东北、华北、内蒙古和长江流域各省
76	洮南灯心草	Juncus taonanensis Satake & Kitag.	多年生草本，高5～20cm	生于河边、塘边湿地或湿草甸。产于黑龙江、吉林、辽宁、内蒙古、河北、山东、江苏
77	球子蕨	Omoclea sensibilis var interrupta	植株高30～70cm	生于海拔250～900m的潮湿草甸或森林区河谷湿地上。产于黑龙江、吉林、辽宁、河北、河南
78	水湿柳叶菜	Epilobium palustre L.	多年生草本，高20～50cm	生于沼泽地及山坡湿润处、广泛分布于东北、华北、西北、西南等地

续表

序号	植物名称	拉丁学名	主要性状	分布区域
79	柳蒿	Artemisia integrifolia Linn.	多年生草本，高 50～120cm	多见于低海拔或中海拔湿润或半湿润地区的路旁、河边、灌丛及沼泽地的边缘；广泛分布在黑龙江、吉林、辽宁、内蒙古及河北等地
80	海韭菜	Triglochin maritimum	多年生草本，植株稍粗壮。根茎短，着生多数须根，常有棕色叶鞘残留物	生于湿沙地或海边盐滩上
81	豚草	Ambrosia artemisiifolia L.	一年生草本，高 20～150cm	辽宁、吉林、黑龙江等地均有分布
82	灯心草	Juncus effusus L.	多年生草本水生植物，高 27～91cm	河边、池旁、水沟、稻田旁、草地及沼泽湿处。产于黑龙江、吉林、辽宁、河北等地
83	东方蓼	Polygonum orientale	一年生草本，高达 200cm	生于荒废处、沟旁及近水肥沃湿地，常成片生长
84	鬼针草	Bidens pilosa L.	一年生草本，茎直立，高 30～100cm	生于海拔 50～3100m 的路边荒地、山坡及田间。生物学特性喜温暖湿润气候
85	粟草	Milium effusum L.	多年生草本，须根细长，稀疏	生于海拔 700～3500m 的林下及阴湿草地、山坡、沟谷林下、路旁潮湿地。产于东北各省、新疆、青海、陕西、河北、西藏及长江流域诸省区
86	三棱草	Pinellia ternata	多年生草本，高 60～100cm	全国各地广布，海拔 2500m 以下，常见于草坡、荒地、玉米地、田边或疏林下，为旱地中的杂草之一
87	柳叶蒿	Artemisia integrifolia Linn.	主根明显，侧根多；根状茎略粗。多年生草本，高 60～120cm	生于林缘、路旁、草地、河边、草甸及灌丛等处。产于黑龙江、吉林、辽宁、内蒙古（东部）及河北
88	三裂叶豚草	Ambrosia trifida L.	一年生粗壮草本，高 50～120cm	在我国东北已驯化，常见于田野、路旁或河边的湿地
89	拂子茅	Calamagrostis epigejos (L.) Roth	秆直立，平滑无毛或花序下稍粗糙，高 45～100cm	喜生于平原绿洲，习见于水分条件较好的农田、地埂、河边及山坡地。土壤轻度至中度盐渍化，是组成平原草甸和山地河谷草甸的建群种。分布遍及全国，生于潮湿地及河岸带沟渠旁

续表

序号	植物名称	拉丁学名	主要性状	分布区域
90	茵陈蒿	*Artemisia capillaries*	半灌木状草本	生于低海拔地区河岸、海岸附近的湿润沙地、路旁及低山坡地区
91	万年蒿	*Artemisia sacrorum* Ledeb.	多年生草本。半灌木状，高 30～100cm	别名铁杆蒿、白莲蒿，全国均有分布
92	黄花蒿	*Artemisia annua* Linn.	一年生草本。植株有浓烈的挥发性香气。株高 100～200cm	遍及全国；东部省区分布在海拔 1500m 以下地区
93	大籽蒿	*Artemisia sieversiana*	一或二年生草本。主根单一、垂直，狭纺锤形。茎单生、直立，高 50～150cm	分布于西藏、江苏、黑龙江、陕西、新疆、四川、青海等地
94	红足蒿	*Artemisia rubripes* Nakai	多年生草本。主根细长，侧根多；株高 100～200cm	生于低海拔地区的荒地、草坡、森林草原、灌丛、林缘、路旁、河边及草甸等。产于黑龙江、吉林、辽宁、内蒙古（东部）等地
95	林艾蒿	*Artemisia viridissima* (Komar.) Pamp.	多年生草本。根细、斜向一；根状茎短、单生或少数，高 80～140cm	生于海拔 1400～1700m 附近的林缘、路旁。产于吉林及辽宁等地
96	黄金蒿	*Artemisia aurata*	一年生草本。主根单一，垂直、细长，茎单生，高 20～50cm	生于中、低海拔地区的石质山坡上。产于黑龙江、吉林、辽宁
97	猪毛蒿	*Artemisia scoparia* Waldst. et Kit.	多年生草本或近一或二年生草本。植株有浓烈的香气。主根单一，高 40～90cm	遍及全国、中、低海拔地区的山坡、旷野、路旁等
98	野菊	*Chrysanthemum indicum*	多年生草本，高 25～100cm，有地下长或短匍匐茎	生于山坡草地、灌丛、河边水湿地、滨海盐渍地、田边及路旁
99	紫花野菊	*Chrysanthemum zawadskii* Herbich	多年生草本，高 15～50cm，有地下匍匐茎	生于海拔 850～1800m 的草原草地及林间草地、林下和溪边。产于黑龙江、吉林、辽宁、河北、山西、内蒙古、陕西、甘肃及安徽等地
100	旋覆花	*Inula japonica* Thunb.	多年生草本。根状茎短，横走或斜升，有粗壮的须根	生于海拔 150～2400m 的山坡路旁、湿润草地、河岸和田埂上

续表

序号	植物名称	拉丁学名	主要性状	分布区域
101	苣荬菜	Sonchus arvensis Linn.	多年生草本，全株有乳汁。茎直立，高30～80cm。地下根状茎匍匐，多数须根著生	生于海拔300～2300m的山坡草地、林间草地、潮湿地或近水旁、村边或河边砾石滩等地貌，物种范围几乎遍布全国
102	山莴苣	Lagedium sibiricum (L.) Sojak	多年生草本，高50～130cm。根垂直直伸。茎直立，通常单生，常淡红紫色	分布于黑龙江、吉林、辽宁、内蒙古等地
103	金盏银盘	Bidens biternata (Lour.) Merr. et Sherff	一年生草本。茎直立，高30～150cm	广泛分布于全国各地
104	菊苣	Cichorium intybus L.	多年生草本，茎直立，高40～100cm	生于滨海荒地、河边、水沟边或山坡。分布于黑龙江、辽宁、山西等地
105	全叶马兰	Kalimeris integrifolia Turcz. ex DC.	多年生草本，高30～70cm	生于山坡、林缘、灌丛、路旁。广泛分布于我国东北部、西部和中部
106	野蓟	Ciralummaackii Maxim	多年生草本，高40～150cm，不定根可以发育成萝卜状的块根	生于海拔140～1100m的山坡草地、林缘、草甸及林旁。分布于我国的黑龙江、吉林、辽宁、河北、江苏、浙江、安徽及四川
107	蝟菊	Olgaea lomonossowii (Trautv.) Iljin	多年生草本，茎15～60cm。根直伸，直径达2cm	分布于我国各地
108	早熟禾	Poa annua L.	一年生或冬性禾草，秆直立或倾斜、质软，高6～30cm。喜光，耐阴性也强，耐旱性较强，可耐50%～70%郁闭度，耐-20℃低温下能顺利越冬，-9℃下仍保持绿色，在气温达到25℃左右时，逐渐枯萎，但不耐水湿，要求不严，耐瘠薄，对土壤	甘肃、青海、内蒙古、山西、河北、辽宁、吉林、黑龙江均有分布
109	散穗早熟禾	Poa subfastigiata Trin.	匍匐根状茎粗壮，直径2～3mm，秆直立，单生，高50～100cm，径约4mm，平滑，具2～3节	甘肃、青海、内蒙古、山西、河北、辽宁、吉林、黑龙江均有分布

续表

序号	植物名称	拉丁学名	主要性状	分布区域
110	金色狗尾草	*Setaria glauca* (L.) Beauv.	一年生、单生或丛生。秆直立或基部倾斜膝曲，近地面节可生根。高 20～90cm	我国的温带、暖温带、南、北各省区均有分布
111	稗	*Echinochloa crusgalli* (L.) Beauv.	一年生簇生草本。秆直立。高 40～50cm。叶片条形，长 10～30cm，宽 6～12mm，无毛，先端渐尖，叶边缘多变厚，干旱缺水时常向内卷曲	稗子适应性强，生长茂盛。多生于沼泽、沟渠旁、洼荒地及稻田中
112	剪股颖	*Agrostis stolonifera* L.	多年生草本、具长的匍匐枝、直立茎基部膝曲或卧平	匍匐剪股颖用于世界大多数寒冷潮湿地区
113	朝鲜碱茅	*Puccinellia chinampoensis* Ohwi	秆丛生，直立或基部膝曲，高 15～50cm，基部常膨大	生于海拔 500～2500m 较湿润的盐碱地和湖边，滨海的盐质土上。产于黑龙江、吉林、辽宁、内蒙古等地
114	乱子草	*Muhlenbergia hugelii* Trin.	多年生草本。常具长而被鳞片的根茎，其根茎长 5～30cm。鳞片硬质纸育光泽。秆质较硬、稍扁、直立。高 70～90cm，节下常贴具白色微毛	生于海拔 900～3000m 的山谷、河边湿地、林下和灌丛中
115	菵草	*Beckmannia syzigachne*	一年生草本。秆直立。高 15～90cm，有 2～4 节	适生于水边及潮湿处，为长江流域及西南地区稻茬麦和油菜田主要杂草，尤在地势低洼、土壤黏重的田块危害严重
116	中华结缕草	*Zoysia sinica* Hance	多年生草本。具横走根茎，秆直立，高 13～30cm。茎部常具宿存枯萎的叶鞘	产于东北、华北、西南、华东等地区
117	虎尾草	*Chloris virgate* Swartz	一年生草本。秆直立或基部膝曲，高 12～75cm，光滑无毛	多生于路旁荒野、河岸沙地、土端及房顶上。遍布中国各省区
118	牛筋草	*Eleusine indica* (L.) Gaertn.	一年生草本。根系发达。秆丛生，基部倾斜，高 10～90cm	生于村边、旷野、田边、路边。广布于全国各地

续表

序号	植物名称	拉丁学名	主要性状	分布区域
119	羊茅	*Festuca ovina* L.	秆密丛生，具条棱，高 30～60cm。叶片内卷成针状，质地软	羊茅为中旱生植物，耐低温、抗霜害、适于沼泽土以外的中等湿润或稍干旱的土壤生长。产于黑龙江、吉林、内蒙古、陕西、甘肃、宁夏等地
120	芦苇	*Phragmites communis*	芦苇的植株高大，地下有发达的匍匐根状茎。茎秆直立，秆高 100～300cm，直径 1～4cm	灌溉沟渠旁、河堤沼泽边。河溪边等多水地区。芦苇分布广，其中东北的辽河三角洲、松嫩平原、三江平原、内蒙古的呼伦贝尔和锡林郭勒草原是大面积芦苇集中的分布地区
121	中华隐子草	*Cleistogenes chinensis* (Maxim.) Keng.	多年生草本。秆少数丛生，直立，高 15～35cm，分蘖贴生于根头上，基部为薄质鳞鞘所覆盖	生于山坡草地、林缘草地、路旁。分布于内蒙古、华北、西北等
122	马唐	*Digitaria sanguinalis* (L.) Scop.	一年生杂草，秆直立或下部倾斜、膝曲上升，高 10～80cm，直径 2～3mm	旱秋作物、果园、苗圃的主要杂草
123	球穗莎草	*Cycreus globosus* All.	一年生或多年生，秃净草本。茎簇生，稍柔弱，高 20～40cm	广泛分布于温带地区和热带地区
124	碎米莎草	*Cyperus iria* L.	一年生草本。秆丛生，高 8～85cm，扁三棱形	主要分布于潮湿山坡、稻田边等地
125	莎草	*Cyperus rotundus* L.	又名香附子、雀头香、草附子、水香棱、水莎、莎结、地毛。多年生草本，高 15～95cm。茎直立，三棱形。根状茎匍匐延长，有时数个相连	生长于山坡、荒地、草丛中或水边潮湿处
126	藨草	*Scirpus triqueter* L.	匍匐根状茎长，直径 1～5mm，干时呈红棕色。秆散生，粗壮，高 20～90cm之地。为湿生植物，喜生于潮湿或低洼多水之地。常生于沟边、塘边、山谷溪畔或沼泽地，成片出现在藨草占优势的群落，喜温暖、湿润和半阴环境。耐寒、喜水湿、怕干旱、耐阴。生长适温13～19℃。冬季温度不低于7℃	生于河边、溪塘边、沼泽地及注洼潮湿处，成片出现在藨草占优势的群落。除广东、海南外，中国各地区均有分布；俄罗斯、印度、朝鲜和日本等国也有

序号	植物名称	拉丁学名	主要性状	分布区域
127	白花委陵菜	*Potentilla inquinans*	多年生草本。高 30～40cm，全株被柔毛和腺毛	生于石质山坡、森林铁道边
128	蛇莓委陵菜	*Potentilla centigrana* Maxim.	多年生草本。根纤维状、茎细弱、半卧生或斜升，节处常生根，长 30～50cm	生于海拔 400～2300m 的荒地、河岸阶地、林缘及林下湿地。产于黑龙江、吉林、辽宁、内蒙古、陕西、甘肃、四川、云南
129	矮地蔷薇	*Chamaerhodos trifida* Ledeb.	多年生草本。茎数个，丛生，直立或上升，高 5～18cm，不分枝，有柔毛或无毛，基部木质	产于黑龙江、内蒙古。生于草原或山坡
130	戟叶蓼	*Polygonum thunbergii*	一年生草本。茎直立或上升，具纵棱，沿棱具倒生皮刺，基部外倾，节部生根，高 30～90cm	生于湿草地及水边。分布于我国吉林、黑龙江和华北各省（自治区）及台湾，西藏等地，俄罗斯、日本也有分布
131	水蓼	*Polygonum hydropiper*	一年生草本。高 20～80cm，直立或下部伏地	生于湿地、水边或水中。我国大部分地区有分布
132	穿叶蓼	*Polygonum perfoliatu*	多年生蔓性草本。茎有棱、带红褐色，具倒生刺，长达 200cm 左右，无毛	生于湿地、河边及路旁。分布于我国吉林、黑龙江及华北各省（自治区）和台湾
133	两型豆	*Amphicarpaea trisperma* (Miq.) Baker.	一年生缠绕草本。茎纤细，长 30～130cm，被淡褐色柔毛	常生于海拔 300～1800m 的山坡路旁及旷野草地上。产于东北、华北及江南各省
134	紫苏	*Perilla frutescens* (L.) Britt.	一年生直立草本。茎高 0.3～2m	我国华北、华中、华南、西南及台湾省均有野生种和栽培种植
135	沙棘	*Hippophae rhamnoides* Linn.	一年生草本。植株有浓烈的挥发性香气，株高 100～200cm	分布于黑龙江、吉林等地
136	沙打旺	*Astragalus adsurgens* Pall.	一或二年生草本。主根单一，垂直，狭纺锤形。茎单生、直立，高 50～150cm	分布于黑龙江、吉林等地
137	狗娃花	*Heteropappus hispidus* (Thunb.) Less.	一或二年生草本。花期 7～9 月，果期 8—9 月	多生于荒地、路旁、林缘及草地。广泛分布于中国北部、西北部及东北部各省

续表

序号	植物名称	拉丁学名	主要性状	分布区域
138	碱茅	*Puccinellia distans*	生于海拔 500～2500m 较湿润的盐碱地和湖边、滨海的盐渍土上。产于黑龙江、吉林、辽宁、内蒙古等地	分布于黑龙江、吉林等地
139	黑麦草	*Lolium perenne* L.	多年生，具细弱根状茎。秆丛生，高 30～90cm	分布于黑龙江、吉林等地
140	无芒雀麦	*Bromus inermis* Leyss	一年生草本。叶片偏硬线形，长约 15～20cm，两面具有细柔的毛；直立茎，须状地下根系发达	分布于黑龙江、吉林等地
141	三叶草	*T. pratense*	三叶草为豆科三叶草，属多年生草本，寿命可达 3～5 年。其根系发达，入土较浅	分布于黑龙江、吉林等地
142	冰草	*Agropyron cristatum* (L.) Gaertn.	别名野麦子、扁穗冰草、羽状小麦草。冰草为禾本科多年生旱生草本，是温带干旱地区最重要的牧草之一	分布于黑龙江、吉林等地
143	百慕达草	*Cynodon dactylon*	多年生禾草，株高约 2～15cm，匍匐茎蔓延甚快，秆长约 10～15cm	分布于黑龙江、吉林等地
144	黄香草木犀	*Melilotus officinalis* (L.) Desr.	一年或二年生草本，高 1～2m，全草有香味。主根发达，呈分枝状胡萝卜形，根稍较多	分布于黑龙江、吉林等地
145	紫羊茅	*Festuca rubra* L.	高 40～60cm，茎秆直立或基部稍膝曲，叶大量从根际生出	分布于黑龙江、吉林等地
146	弯囊苔草	*Carex dispalata*	多年生草本。根状茎粗壮，具匍匐枝。秆粗壮，高 60～90cm，扁三棱状，基部具紫色叶鞘	分布于黑龙江、吉林等地
147	白绿苔草	*Carex stipata*	多年生草本。根状茎丛生。秆高 30～100cm，三棱柱形	分布于黑龙江、吉林等地

附表

续表

序号	植物名称	拉丁学名	主要性状	分布区域
148	大叶藻	*Zostera marina*	多年生沉水草本。有根状匍匐茎，节上生须根；茎细，有疏分枝	分布于黑龙江、吉林等地
149	摺叶萱草	*Hemerocallis plicata*	多年生草本，高 30~65cm。根簇生，根端膨大成纺锤形	分布于黑龙江、吉林等地
150	白三叶	*Trifolium repens* L.	又名白花三叶草、白车轴草、车轴草、荷兰翘摇等，多年生草本，高 10~30cm。主根短，侧根和须根发达，茎匍匐蔓生	分布于黑龙江、吉林等地
151	狼尾草	*Pennisetum alopecuroides* (L.) Spreng	多年生。须根较粗壮。秆直立，丛生，高 30~120cm，在花序下密生柔毛	分布于黑龙江、吉林等地
152	猫尾草	*Phleum pratense*	亚灌木，茎直立，高 1~1.5m	分布于黑龙江、吉林等地
153	结缕草	*Zoysia japonica* Steud.	多年生。具横走根茎，高 13~30cm，茎部常具宿存枯萎的叶鞘	分布于黑龙江、吉林等地
154	野牛草	*Buchloe dactyloides*	株纤细，高 5~25cm	分布于黑龙江、吉林等地
155	羊胡子草	*Carex rigescens*	多年生草本植物，全长约 14~80cm。须根较粗，褐色	分布于黑龙江、吉林等地
156	土荆芥	*Chenopodium ambrosioides* L.	原植物土荆芥为一年生或多年生草本，高 50~80cm，揉之有强烈臭气，茎直立，多分枝，具条纹，近无毛	生于村旁、路边、旷野及河岸等处。我国北部各省常有栽培。原产热带美洲，现广产于各热带和温带地区
157	菊芋	*Helianthus tuberosus* L.	多年生草本，高 100~300cm	是高寒沙漠中生物量最大的植物，叶、茎、根块均是优质青饲料。可作为解决沙化草原人工植被的选择之一
158	地被菊	*Chrysanthemum morifolium* Ramat.	株高 30~40cm	喜充足阳光，也稍耐阴，较耐旱，忌积涝

续表

序号	植物名称	拉丁学名	主要性状	分布区域
159	玉簪	Hosta plantaginea (Lam.) Aschers	花葶高40~80cm	玉簪性强健，耐寒冷，性喜阴湿环境，不耐强烈日光照射，要求土层深厚，排水良好且肥沃的砂质壤土。玉簪生于海拔2200m以下的林下，草坡或岩石边。各地常见栽培，公园尤多，供观赏
160	紫叶酢浆草	Oxalis triangularis	植株整齐、矮（高仅30cm）	适宜于排水良好的疏松土壤，喜光，耐半阴，较耐寒，-5℃以上冬天常绿，-5℃以下地上部分叶子枯萎，地下部分不死，翌年3月又能萌发新叶。无明显的休眠期，栽培管理粗放
161	草地早熟禾	Poa pratensis L.	多年生草本，具发达的匍匐根状茎、高50~90cm	适宜气候冷凉，湿度较大的地区生长、抗寒能力强、再生力强、耐修剪。产于黑龙江、吉林、辽宁、内蒙古等地。从低海拔到高海拔500~4000m山地均有，为重要牧草和草坪水土保持资源。世界各地普遍引种栽植
162	地榆	Sanguisorba officinalis L.	根粗壮，多年生草本，高30~120cm	生于海拔30~3000m的地区、草甸、草原及疏林下。常生于灌丛中、山坡草地、草原。已有人工引种栽培。亚洲北温带，广布于欧洲以及中国
163	柴胡	Bupleurum chinense	多年生草本，一般高40~70cm	生于向阳山坡路边、岸旁或草丛中。分布于中国东北、华北、西北、华东和华中各地
164	千屈菜	Lythrum salicaria L.	多年生草本，高30~100cm	喜生在沟旁水边、湿润、浅水环境。多长在沼泽地、水旁湿地和河边、沟边。在中国许多省，市都有野生
165	泽兰	Aconitum gymnandrum Maxim.	多年生草本，高25~55cm	生于山地草坡、田边草地或河边砂地
166	花叶芦竹	Arundo donax var. versicolor	多年生挺水草本观叶植物，高150~200cm	喜光、喜温、耐水湿、也较耐寒、不耐干旱和强光。喜肥沃、疏松和排水良好的酸性沙质土壤

附表

续表

序号	植物名称	拉丁学名	主要性状	分布区域
167	水蒿	Artemisia selengensis Turcz. ex Bess.	多年生草本，高60~150cm	水蒿广泛分布于我国的东北、河北、山东、河南、山西等地
168	美人蕉	Canna indica L.	多年生草本，高可达150cm	喜温暖和充足的阳光，对土壤要求不严，在疏松肥沃、排水良好的沙土壤中生长最佳，也适应于肥沃黏质土壤生长
169	问荆	Equisetum arvense L.	多年生草本，高30~60cm	生于海拔0~3700m的溪边或阴谷。常见于河道沟渠旁、疏野、荒林、潮湿的草地、沙土地、耕地、山坡及草甸等处。对气候、土壤有较强的适应性。喜湿润而光线充足的环境
170	水葱	Scirpus validus Vahl	多年生挺水草本植物，高100~200cm	在自然界中常生长在沼泽地、沟渠、池畔、湖畔浅水中。中国内外均有分布
171	雨久花	Monochoria korsakowii	直立水生草本；根状茎粗壮，具柔软须根。茎直立，高30~70cm	主要生长在浅水池、水塘、沟边沼泽地中。分布于黑龙江、吉林、辽宁、内蒙古等省（自治区）
172	黄花鸢尾	Iris wilsonii C. H. Wright	为中国的特有植物，花茎中空，高50~60cm	生于山坡草丛、林缘草地及河旁沟边的湿地。适应性强，在15~35℃温度下均能生长，10℃以下时植株停止生长。耐寒、喜水湿，能在水畔和浅水中正常生长，也耐干燥。喜含石灰质弱碱性土壤
173	德国鸢尾	Iris germanica L.	多年生草本，花茎光滑，黄绿色，高60~100cm	喜温暖、稍湿润和阳光充足的环境。耐干燥和半阴，宜疏松、肥沃和排水良好的含石灰质土壤
174	泽泻	Alisma plantago-aquatica Linn.	多年生水生或沼生草本	生于湖泊、河湾、溪流、水塘的浅水带、沼泽、沟渠及低洼湿地亦有生长

附 件

哈尔滨地区挺水植物筛选权重确定调查问卷

您好！感谢您抽出宝贵的时间填写此表！

本研究旨在筛选出适宜哈尔滨地区河岸带栽种的挺水植物，从而将其科学合理地应用于哈尔滨地区河岸缓冲带。请您根据自身的工作实践和切身体会，提出自身的意见和建议。

非常感谢您的支持与配合！

权 重 评 分 表

对 比 项 目	1 同等重要	2 1，3 中间值	3 稍微重要	4 3，5 中间值	5 明显重要	6 5，7 中间值	7 非常重要	8 7，9 中间值	9 绝对重要	备注
耐寒性对耐涝性										
耐寒性对耐旱性										
耐寒性对 TP 去除率										
耐寒性对 TN 去除率										
耐寒性对花期长短										
耐寒性对观赏价值										
耐涝性对耐旱性										
耐涝性对 TP 去除率										
耐涝性对 TN 去除率										
耐涝性对花期长短										
耐涝性对观赏价值										
耐旱性对 TP 去除率										
耐旱性对 TN 去除率										
耐旱性对花期长短										
耐旱性对观赏价值										
TP 去除率对 TN 去除率										
TP 去除率对花期长短										
TP 去除率对观赏价值										
TN 去除率对花期长短										
TN 去除率对观赏价值										
花期长短对观赏价值										

评 分 标 准 表

标　度 b_{ij}	含　义	说　明
$b_{ij} = B_i/B_j = 1$	同等重要	表示因素 B_i 与 B_j 比较，具有同等重要性
$b_{ij} = B_i/B_j = 3$	稍微重要	表示因素 B_i 与 B_j 比较，B_i 比 B_j 稍微重要
$b_{ij} = B_i/B_j = 4$	明显重要	表示因素 B_i 与 B_j 比较，B_i 比 B_j 明显重要
$b_{ij} = B_i/B_j = 5$	非常重要	表示因素 B_i 与 B_j 比较，B_i 比 B_j 非常重要
$b_{ij} = B_i/B_j = 9$	绝对重要	表示因素 B_i 与 B_j 比较，B_i 比 B_j 绝对重要
$b_{ij} = B_i/B_j = 2,\ 4,\ 6,\ 8$	中值	上述两相邻判断的中值
倒数	反比较	表示因素 B_i 与 B_j 比较得到判断 b_{ji}，则 $b_{ji} = 1/b_{ij}$

参 考 文 献

陈飞平，廖为明，2006. 浅议园林水景中水生植物的应用 [J]. 安徽农业科学，34 (10)：2111.

陈吉泉，1996. 河岸植被特征及其在生态系统和景观中的作用 [J]. 应用生态学报，7 (4)：439 - 448.

陈曦，周玉兰，刘志洋，等，2009. 六种宿根花卉抗寒生理指标的比较研究 [J]. 东北农业大学学报，40 (9)：21 - 25.

陈新华，郭宝林，赵静，等，2009. 休眠期内甜樱桃不同品种枝条的抗寒性 [J]. 河北农业大学学报，32 (6)：37 - 40.

陈毓华，汪俊三，梁明易，等，1995. 华南地区 11 种高等水生维管束植物净化城镇污水效益评价 [J]. 农村生态环境，11 (1)：26 - 29，33.

储荣华，2010. 水生植物的生态和景观应用 [D]. 苏州大学硕士学位论文.

邓辅唐，孙佩石，李强，等，2005. 湿地水生植物的利用途径与净化污水作用研究 [J]. 生态经济，(04)：66 - 69.

高吉寅，1983. 国外抗旱性筛选方法的研究 [J]. 国外农业科技，(7)：12 - 15.

高京草，王慧霞，李西选，2010. 可溶性蛋白、丙二醛含量与枣树枝条抗寒性的关系研究 [J]. 北方园艺，(23)：18 - 20.

高阳，高甲荣，刘瑛，等，2006. 河溪缓冲带的生态功能及其管理原则 [J]. 水土保持通报，26 (5)：94 - 97.

葛滢，常杰，王晓月，等，2000. 两种程度富营养化水中不同植物生理生态特性与净化能力的关系 [J]. 生态学报，20 (6)：1050 - 1055.

葛滢，王晓月，常杰，1999. 不同程度富营养化水中植物净化能力比较研究 [J]. 环境科学学报，19 (6)：690 - 692.

郭会哲，樊巍，宋绪忠，2005. 河岸带植被结构功能及修复技术研究进展 [J]. 河南林业科技，25 (4)：1 - 3.

胡永红，张启翔，封培波，2004. 宿根花卉抗寒、1986 耐热鉴定研究 [J]. 中国园林，(2)：75 - 77.

黄承才，葛滢，常杰，等，1998. 富营养化水中 14 种野生植物蒸腾和营养吸收的相关性 [J]. 浙江林业科技，18 (6)：3 - 8.

黄凯，郭怀成，刘永，等，2007. 河岸带生态系统退化机制及其恢复研究进展 [J]. 应用生态学报，18 (6)：1373 - 1382.

蒋跃平，葛滢，岳春雷，等，2005. 轻度富营养化人工湿地处理系统中植物的特性 [J]. 浙江大学大学报（理学版），32 (3)：309 - 319.

李静文，2010. 三种乡土挺水植物水质净化能力及其在生物浮岛上的应用 [D]. 华东师范大学.

李尚志，2000. 水生植物造景艺术 [M]. 北京：中国林业出版社.

李阳生，李玉昌，周建林，等，2000. 水稻新材料耐淹涝能力的比较研究 [J]. 应用与环境生物学报，6 (3)：211 - 217.

李昳乐, 2008. 青竹复叶槭耐水淹与耐低温生理研究 [D]. 河南农业大学.

刘可心, 2009. 水淹胁迫下 10 种草种耐水淹能力的研究 [D]. 湖南农业大学.

刘旭, 2008. 三峡库区消落带植物材料筛选研究 [D]. 中国林业科学研究院.

刘艳红, 张显, 许宪刚, 2007. 水生植物在滨水景观中的应用研究——以济南市明水泉域水生植物配置为例 [J]. 安徽农业科学, 35 (20): 6078 - 6079.

鲁春霞, 谢高地, 成升魁, 2001. 河流生态系统的休闲娱乐功能及其价值评估 [J]. 资源科学, 23 (5): 77 - 81.

罗坤, 2009. 崇明岛河岸植被缓冲带坡度规划研究 [D]. 华东师范大学硕士学位论文.

马利民, 唐燕萍, 张明滕, 等, 2009. 三峡库区消落区几种两栖植物的适生性评价 [J]. 生态学报, 29 (4): 1885 - 1892.

孟祥龙, 2006. 辽宁地区水生植物的引种和栽培的研究 [D]. 沈阳农业大学硕士学位论文.

南楠, 张波, 李海东, 等, 2011. 洪泽湖湿地主要植物群落的水质净化能力研究 [J]. 水土保持研究, 18 (1): 228 - 231.

倪乐意, 1999. 大型水生植物 [M]. 北京: 科学出版社, 224 - 241.

牛玉璐, 2006. 水生植物的生态类型及其对水环境的适应 [J]. 生物教学, 31 (7): 6 - 7.

全为民, 严力蛟, 2006. 农业面源污染对水体富营养化的影响及其预防措施 [J]. 生态学报, 22 (3): 291 - 299.

饶良懿, 崔建国, 2008. 河岸植被缓冲带生态水文功能研究进展 [J]. 中国水土保持科学, 6 (4): 121 - 128.

施卫东, 汤国平, 潘林, 等, 2010. 湿地松等 5 树种在太湖滩地造林耐淹水性比较试验 [J]. 江苏林业科技, 37 (1): 9 - 12.

宋思铭, 2012. 河岸缓冲带净水效果及优化配置技术研究 [D]. 北京林业大学硕士学位论文.

王辰, 王英伟, 2011. 中国湿地植物图鉴 [M]. 重庆: 重庆大学出版社.

王芳, 2007. 大豆耐淹性鉴定及其形态解剖特征、遗传与 QTL 定位 [M]. 北京: 南京农业大学图书馆.

王玲, 宋红, 2009. 北方地区园林植物识别与应用实习教程 [M]. 北京: 中国林业出版社.

王青春, 邓红兵, 王庆礼, 2006. 基于生物多样性保护的河岸带植被管理对策 [J]. 生态学杂志, 25 (6): 682 - 685.

王帅, 赵聚国, 叶碎高, 2008. 河岸带植物生态水文效应研究述评 [J]. 亚热带水土保持. 20 (1): 5 - 8.

魏娜, 欧小平, 董丽, 2008. 10 种宿根花卉抗寒性研究初报 [J]. 中国农学通报, (7): 314 - 317.

魏天兴, 王晶晶, 2009. 黄土区蔡家川流域河岸林物种多样性研究 [J]. 北京林业大学学报, 31 (6): 49 - 53.

吴建强, 黄沈发, 丁玲, 2007. 水生植物水体修复机理及其影响因素 [J]. 水资源保护, 23 (4): 18 - 22, 36.

夏继红, 严忠民, 2006. 生态河岸带的概念及功能 [J]. 水利水电技术, 5 (37): 14 - 19.

肖楚田, 肖克炎, 李林, 2013. 水体净化与景观——水生植物工程应用 [M]. 南京: 江苏科学技术出版社.

徐化成, 1996. 景观生态学 [M]. 北京: 中国林业出版社.

徐洁思, 2008. 上海市河岸带植物配置研究 [D]. 华东师范大学硕士学位论文.

徐晓清, 施侠, 郝日明, 2006. 南京主要滨河绿地植物群落的调查 [J]. 江苏林业科技, 2: 4 - 7.

许晓鸿, 王跃邦, 刘明义, 等, 2002. 江河堤防植物护坡技术研究成果推广应用 [J]. 中国水土保持，1：17－18.

颜兵文，肖瑞龙，2008. 河岸带的功能与管理研究［J］. 安徽农业科学，36（27）：11970－11972.

颜昌宙，金相灿，赵景柱，等，2005. 湖滨带的功能及其管理［J］. 生态环境，14（2）：294－298.

阳小成，1992. 水污染及水生植物净化水质初探［J］. 渝州大学学报（自然科学版），22（2）：47－54.

杨胜天，王雪蕾，刘昌明，等，2007. 岸边带生态系统研究进展［J］. 环境科学学报，27（6）：894－905.

由文辉，1996. 污染水体生态恢复的生态工程技术［J］. 上海建设科技，（6）：26－27.

于丹，1994. 东北水生植物地理学的研究［J］. 植物研究，14（2）：169－178.

俞孔坚，李迪华，段铁武，1998. 生物多样性保护的景观规划途径［J］. 生物多样性，6（3）：205－212.

岳隽，王仰麟，2005. 国内外河岸带研究的进展与展望［J］. 地理科学进展，24（5）：33－40.

张凤凤，李土生，卢剑波，2007. 河岸带净化水质及其生态功能与恢复研究进展［J］. 农业环境科学学报，26（增刊）：459－464.

张政，付融冰，2007. 河道坡岸生态修复的土壤生物工程应用［J］. 湖泊科学，19（5）：558－565.

赵家荣，刘艳玲，2012. 水生植物图鉴［M］. 武汉：华中科技大学出版社.

赵家荣，2002. 水生花卉［M］. 北京：中国林业出版社.

赵雯，管岩岩，2008. 河流缓冲带的功能与基本恢复原则［J］. 山东林业科技，4：89－91.

中国科学院中国植物志编辑委员会，2004. 中国植物志［M］. 北京：科学出版社.

朱根海，刘祖棋，朱培仁，1986. 应用 logistic 方程确定植物组织低温半致死温度的研究［J］. 南京农业大学学报，（3）：11－16

诸葛亦斯，刘德富，黄钰铃，2006. 生态河流缓冲带构建技术初探［J］. 水资源与水工程学报，17（2）：63－67.

邹秀文，1999. 水生花卉［J］. 北京：金盾出版社.

左俊杰，2011. 平原河网地区河岸植被缓冲带定量规划研究——以滴水湖汇水区为例［D］. 华东师范大学博士学位论文.

Gharabhagi B.，Rudra R. P.，Whiteley H. R.，et al.，2001. Sediment Removal Efficiency of Vegetative Filter Strips［J］. ASAE Meeting Paper No. 012071. ASAE：St. Joseph，Ml.

Gregory S V，Ashkenas L，2000. Field guide for riparian management［R］. USA：USDA Forest Service.

Gregory S V，Swanson F J，Mckee W A，et al.，1991. An ecosystem perspective of riparian zones［J］. Bioscience，41：540－551.

Lazdinis M，Angelstam P，2005. Functionality of riparian forest ecotones in the context of former Soviet Union and Swedish forest management histories［J］. Forest Policy and Economics，7：321－332.

Lovell S.，Sullivan W.，2006. Environmental benefits of conservation buffers in the United States：Evidence，promise，and open questions［J］. Agriculture，Ecosystems and Environment，112：249－260.

Mankin K. R.，Ngandu D. M.，Barden C. J.，et al.，2007. A. Grass-shrub riparian buffer removal of sediment，phosphorus，and nitrogen from simulated runoff［J］. Joumal of the American Water Resources Assoeiation. 43（5）：1108－1116.

Meeban W R，Swanson F J，Sedell J R，1977. Influences of riparian vegetation on aquatic ecosystems with particular references to salmonoid fishes and their food supplies［A］. //Johnson R R，Jones D A eds. Importance，preservation and management of floodplain wetlands and other riparian ecosystems［C］.

Washington: USDA Forest Service General Technical Report, 137 - 145.

Muscutt A. D. , Harris G. L. , Bailey S. W. , et al. , 1993. Buffer zones to improve water quality: a review of their Potential use in UK agriculture [J] . Agriculture, Ecosystems and Environment. 45: 59 - 77.

Naiman R. J. , Decamps H. , Pollock M. , 1993. The role of riparian corridors in maintaining regional biodiversity [J] . Ecological Applications, 3 (2): 209 - 212.

Nisbet T R, 2001. The role of forest management in controlling diffuse pollution in UK forestry [J] . Forest Ecology and Management, 143: 215 - 226.

Polyakov V. , Fares A. , Ryder M. H. , 2005. Precision riparian buffers for the control of non-point source pollutant loading into surface water: A review Environmental Reviews [J] . Dossiers Environment, 13 (3): 129 - 144.

Sullivan T J, Moore J A, Thomas D R, et al. , 2007. Efficacy of vegetated buffers in preventing transport of fecal coliform bacteria from pasturelands [J] . Environmental Management, 40: 958 - 965.

Swanson, E. J. , Gregory, et al. , 1991. An ecosystem perspective of riparian aones [J] . Btoscience, 41: 540 - 551.

Wenger S. , 1999. A review of the scientific literature on riparian buffer width, extent and vegetation [J] . Georgia: University of Georgia Press.